Studiengesellschaft
für Automobilstraßenbau in Berlin

Reise nach London zum Studium der Automobilstraßen
in London und Umgebung

vom 24. bis zum 31. Oktober 1924.

Bericht,
erstattet auf Grund der Einzelberichte
der Reiseteilnehmer

von

Oberbaurat **Hentrich**
Erster Beigeordneter der Stadt Crefeld

Mit 7 Textabbildungen
und 2 Tafeln

Springer-Verlag
Berlin Heidelberg GmbH
1925

Alle Rechte, insbesondere das der Übersetzung
in fremde Sprachen, vorbehalten.

Additional material to this book can be downloaded from http://extras.springer.com

ISBN 978-3-662-31340-4   ISBN 978-3-662-31545-3 (eBook)
DOI 10.1007/978-3-662-31545-3

Vorwort.

Die durch freundliche Vermittlung des britischen Generalkonsuls in Köln zustande gekommene Studienreise, über die in den folgenden Blättern Bericht erstattet werden soll, hat bei allen Beteiligten die angenehmsten Eindrücke hinterlassen. Sie hat ihnen tiefe Einblicke in das neuzeitliche, vorzüglich eingerichtete Straßenwesen Englands gebracht und die Teilnehmer veranlaßt, die gesammelten Erfahrungen öffentlich bekannt zu geben, da sie bei der notwendigen Umstellung des deutschen Straßenwesens auf die Erfordernisse des Kraftwagenverkehrs mit großem Vorteil zu verwenden sein werden.

Den Herren, die den Reiseteilnehmern in so liebenswürdiger Weise Gelegenheit zum Studium der neuen Straßenanlagen in und um London gaben, in erster Linie dem Generaldirektor des britischen Straßenbauwesens:

Sir Henry P. Maybury

und dem Stabe seiner Mitarbeiter, dann aber auch den Vertretern der mit der Ausführung der neuen Straßen beauftragten Baufirmen, sagt der Reiseausschuß hiermit nochmals herzlichsten Dank!

Inhaltsverzeichnis.

	Seite
Vorwort	
I. Veranlassung zur Reise, Reiseteilnehmer, Reisezeit und Reiseziel	1
II. Allgemeine Anlage der Autostraßen	4
III. Straßendecken	10
1. Stein	10
a) Großpflaster	10
b) Kleinpflaster	11
2. Holz	12
3. Asphalt	13
a) Stampfasphalt	14
b) Gußasphalt	15
c) Walzasphalt (Asphaltmakadam)	17
4. Teer	23
a) Oberflächenteerung	23
b) Teermakadam	25
c) *Genaue Ausführungsbestimmungen des englischen Wegeamtes über die Behandlung der Straßen mit Teer*	28
Nr. 1. Allgemeine Vorschrift für Oberflächenteerung auf einer wassergebundenen Straße	28
Nr. 2. Allgemeine Vorschriften über Herstellung von Straßendecken mit Teermakadam	31
Nr. 3a und 3b. Bedingungen für Teer Nr. 1 und Nr. 2	33
5. Beton und Eisenbeton	38
5a. Auszug aus den „Vorschriften für den Bau von Betonstraßen des Concrete Utilities Bureau in London, Grosvenor Road 143"	43
IV. Straßenverwaltung, Aufbringung der Kosten für Straßenbau und -unterhaltung, Verkehrsregelung	46
V. Schlußfolgerungen	49

I. Veranlassung zur Reise, Reiseteilnehmer, Reisezeit und Reiseziel.

Auf der Hauptversammlung der Vereinigung der technischen Oberbeamten deutscher Städte in Münster im September 1924 war ein Hauptgegenstand der Beratungen das Automobilwesen in seinen Beziehungen zur Stadt. Der Berichterstatter, dem ein Vortrag „Automobil und Straße" übertragen worden war, hatte am Schlusse seiner Ausführungen empfohlen, angesichts der dringenden Notwendigkeit, die Straßenverhältnisse in Deutschland den Bedürfnissen des neuzeitlichen Verkehrs anzupassen, die einschlägigen Verhältnisse in den klassischen Ländern der Autostraßen, England und Amerika, recht bald durch einen Ausschuß studieren zu lassen. Diesem Ausschusse sollten außer den Vertretern der Unterhaltungspflichtigen auch solche der Straßenbauindustrie und des Automobilwesens angehören. Die Anregung fiel auf günstigen Boden. Noch während der Tagung trat eine Anzahl von Vertretern der vorgenannten Fachrichtungen zur eingehenden Besprechung des Vorschlages zusammen. Das Ergebnis war der Entschluß, mit aller nur möglichen Beschleunigung zunächst eine Studienreise nach England zu unternehmen, zu der dann die anwesenden Vertreter der Straßenbauindustrie die Mittel sofort zur Verfügung stellten. Der Berichterstatter wurde beauftragt, die Vorbereitungen zu der Reise zu treffen. Dank dem Entgegenkommen des britischen Generalkonsulats in Köln war es möglich, die Reise noch für die letzte Oktoberwoche in Aussicht zu nehmen.

Inzwischen wurde am 21. Oktober die Studiengesellschaft für den Automobilstraßenbau in Berlin gegründet, der auch sämtliche an der geplanten Studienreise beteiligten Verbände beitraten. Infolgedessen konnte auf Wunsch der Studiengesellschaft die Reise als deren erste Veranstaltung am 23. Oktober 1924 angetreten werden.

Es beteiligten sich die nachstehend bezeichneten Herren:

Hahn, Stadtbaurat, Berlin,
Hentrich, I. Beigeordneter, Crefeld,
Dr. ing. h. c. Hoepfner, Geh. Baurat, Stadtoberbaurat a. D., Cassel,
Leo, Oberbaudirektor, Hamburg,
} als Vertreter der Vereinigung der technischen Oberbeamten deutscher Städte.

Nagel, Oberbaurat, Braunschweig,
Quentell, Landesoberbaurat, Düsseldorf,
} als Vertreter des deutschen Straßenbauverbandes.

Kleemann, Kreisbaurat, Berlin,	als Vertreter des deutschen Landkreistages.
Prof. Otzen, Geh. Regierungsrat, Hannover.	als Vertreter des Vorstandes der Studiengesellschaft für den Automobilstraßenbau.
Rousselle, Generaldirektor, Frankfurt-Main,	als Vertreter des Reichsverbandes der deutschen Steinindustrie.
Esser, Fabrikbesitzer, Köln, Schreg, Kaufmann, Düsseldorf,	als Vertreter der deutschen Asphaltindustrie und des Asphaltstraßenbaues.
Dr. Lüer, Direktor, Essen, Dr. Korten, Direktor, Berlin,	als Vertreter der deutschen Teerindustrie und des Teerstraßenbaues.
Dr. Hüser, Oberkassel, Siegkreis, Dr. Petry, Oberkassel, Siegkreis,	als Vertreter der deutschen Betonindustrie.
Lattorf, Generaldirektor, Hannover,	als Sprachhelfer.

Das englische Verkehrsministerium hatte inzwischen in hervorragender Weise alle Vorbereitungen getroffen, um den Reiseteilnehmern in kürzester Zeit eine genaue Übersicht über den derzeitigen Stand des englischen Automobilstraßenbaues in städtebaulicher, bautechnischer und wirtschaftspolitischer Beziehung zu geben. Unter ständiger Führung der Vertreter dieser Behörde und in Begleitung der zuständigen örtlichen Baubeamten wurden in den Tagen vom 24. bis 31. Oktober besichtigt:

an Instituten und Fabriken:

die staatliche Versuchsanstalt (National Physical Laboratory) in Teddington,
die Asphaltmakadamfabrik der Limmer & Trinidad-Lake-Asphalt Co. Ltd. in Fulham,
die Asphalt-Macadam-Fabrik der Highways Construction-Ltd. in Beckton,
die Fabrik für Straßenbaumaschinen: Millors Maschinery Co. Ltd. in Batterzea,

an Straßen:

außer den zahlreichen Straßen im engeren Bezirk von London (s. anl. Übersichtskarte):
die Great West Road in Middlesex (Stampfasphalt-, Asphaltmakadam-, Teermakadam- und Betondecke),
der Dartford-Southern-By-Pass (Teermakadamdecke),
die Watling Street (Asphaltmakadamdecke),
die Gravesend-Strood-Road (Teermakadamdecke),

der Eltham By-Paß (Teermakadamdecke), die Sidcup-Farningham-Road (Teermakadamdecke) und die Farningham-Wrotham-Road (Asphaltmakadamdecke),

die alte Versuchsstraße in Sidcup (Rest einer Kleinpflasterdecke),

die Woodford-Ilford-Road (Teermakadam-, Beton- und Großpflasterdecke),

die London-Southend-Road (Asphaltmakadam- und Teermakadamdecke),

die London-Colchester-Road (10 Jahre alte Asphaltmakadamdecke, z. T. überdeckt mit Gußasphalt),

die London-Tilbury-Road und Purfleet-Tilbury-Road (Asphalt- und Teermakadamdecke, teilweise mit Betonunterbau),

verschiedene städtische Straßen in London-Southwark (Beton- und Eisenbetonstraßen mit Teer- bzw. Wasserglasanstrich).

An vielen Stellen waren die Bauarbeiten noch im vollen Gange, so daß die gesamten Baubetriebe mit ihren vielen Maschinenanlagen eingehend besichtigt werden konnten. Die überaus zahlreichen, im Lauf der Besichtigungen erbetenen Auskünfte wurden den Reiseteilnehmern stets in liebenswürdigster Weise und erschöpfend erteilt, wie man auch alles gewünschte Material an Drucksachen bereitwilligst zur Verfügung stellte.

Dadurch waren die Reiseteilnehmer in die angenehme Lage versetzt, sich von dem derzeitigen Stande des Automobilstraßenbaues in England das Gesamtbild zu machen, wie es sich aus den nachstehenden Einzelberichten ergibt.

II. Allgemeine Anlage der Autostraßen.

Ein Bericht über die Anlage von Autostraßen in England muß zwischen den städtischen und den Landstraßen unterscheiden. Die Anforderungen des Verkehrs sind bei beiden Straßenarten so grundverschieden, daß eine gemeinschaftliche Erörterung ihrer Eigenarten nicht tunlich ist, wenn auch Einzelheiten der Bauweise vielfache Übereinstimmungen zeigen.

Bei einer Beurteilung der Verhältnisse mußte der Blick möglichst in die Zukunft gerichtet bleiben. Am zweckmäßigsten erschien dazu die Beobachtung der zu erwartenden Entwicklung des Verkehrs auf den Stadtstraßen an den Stellen, an denen sich schon jetzt der dichteste Verkehr zusammendrängt. Gewiß war schon vor dem Kriege in der Londoner City eine ganz gewaltige Verkehrsanhäufung, und doch verblüfft der heutige Zustand. Das eigenartigste englische Verkehrsmittel, das einspännige, zweirädrige Hansom-Cab, ist verschwunden, Autos und Autobusse in endlosen Schlangen gleiten die Straße hinauf und hinunter. Einzelne Pferdefuhrwerke und Fahrräder, fast gar keine Motorräder, erscheinen dazwischen. Fahrkunst und vor allen Dingen Fahrdisziplin stehen auf großer Höhe. Die regelmäßig sich wiederholenden Verkehrsunterbrechungen an den wichtigen Kreuzungen verursachen ein Auf- und Absteigen der Wagenflut. Von Zeit zu Zeit schiebt sie sich weich und elastisch zu mächtigen drei- bis vierreihigen Wagenburgen zusammen. Jeder Zwischenraum wird bis aufs äußerste ausgenutzt und doch immer für den Fußgänger genügend Platz zum Hindurchgehen gelassen. Dann löst die Flut sich ebenso reibungslos. Kein Zuruf, fast kein Tuten ist zu hören. Das Geheimnis des Erfolges sind die freie Beweglichkeit, die Wendigkeit der Fahrzeuge und die Erziehung von Fahrer und Fußgänger zur bewußten Unterordnung unter die Verkehrsdisziplin, deren Grundlage einfach ist: nämlich die Rücksicht auf das Allgemeininteresse. Das Hansom-Cab stellte im Pferdeverkehr das Höchstmaß an Wendigkeit dar, der gleiche Grundsatz beherrscht in der Londoner City die Bauart der Kraftwagen. Die Straßenbahn ist eine Unmöglichkeit geworden, denn sie ist weder beweglich noch wendig. In der Umgebung von London sieht man natürlich noch Straßenbahnen und auch noch viele Pferdefuhrwerke. Eine Straße muß ein langes Leben haben, wenn sie eine wirtschaftliche Anlage bedeuten soll. Der Rückgang der Zahl der Pferde als Zugmittel in der Stadt bis zum völligen Verschwinden ist aber zweifellos nur noch eine Frage kürzerer Zeitdauer. Die neuzeitliche Stadtstraßenentwicklung hat also in Zukunft wenigstens für die Großstadt nicht allzu ernsthaft mehr mit dem Pferdeverkehr zu rechnen.

Bei der Einstellung des heutigen Landstraßenbaues auf die neuen Verkehrsmittel liegen die Verhältnisse anders. Die Entwicklung des Eisenbahnnetzes hatte der Landstraße den ursprünglichen Charakter der alleinigen Verkehrsader genommen. Sie erhielt immer mehr nebensächliche Bedeutung, insofern, als sie Zubringer der Eisenbahn wurde und in ihrer Verkehrsreichweite sich auf kleinere Bezirke beschränkte. Der Ausbau des Kleinbahnnetzes einerseits und der Straßenbahnen andererseits führte langsam eine Annäherung der Begriffe ,,Eisenbahn und Straße" herbei. Die Erfindung des Kraftwagens brauchte zuerst lange Zeit, bis sie der Massenbeförderung wirtschaftlich Herr wurde. Im Weltkrieg schob er sich aber mit unwiderstehlicher Stoßkraft in die zwischen Lokomotive und Zugtier klaffende große Lücke. Das Bestreben, nach beiden Seiten hin in die Nachbargebiete hineinzuwachsen und technisch sowie wirtschaftlich herrschend zu werden, ist vorhanden, und alle Anzeichen deuten darauf hin, daß diese Entwicklung sehr rasch vor sich gehen wird. Der Wirklichkeitssinn des Engländers will diesen Stoß rechtzeitig auffangen und verhindern, daß sich unzuträgliche Verkehrsschwierigkeiten einstellen. Das zeigt der große Umfang, den der Bau reiner Autostraßen in der Umgebung Londons heute schon gefunden hat. Es gibt da heute schon Straßen jeglicher Art: solche, die das bestehende Straßennetz durch geeignete Umbaumethoden den neuzeitlichen Verkehrsanforderungen anpassen und solche, die mit völlig neuer Linienführung auf kürzestem Wege unter Umgehung unwichtiger Ortschaften die wichtigen Verkehrszentren verbinden. Ähnlich wie in London geht man auch in dem mittelenglischen Industriebezirk und in den verkehrsreichsten Gegenden Schottlands mit dem Bau neuer Automobilstraßen vor. Sein kluger Geschäftssinn hält den Engländer aber auch ebenso ab von der Verfolgung unwichtiger, aber auch unerreichbarer Ziele, wie der Erbauung von neuen Autostraßen, die ganz England durchziehen sollen, und von denen nach deutschen Pressenachrichten eine große Straße von London nach Manchester schon im Bau sein sollte. Daran ist nichts wahr.

Bei der Besichtigung des neuen Londoner Straßennetzes wurden Straßen mit den neuesten Teer-, Asphalt- und Betondecken befahren und in den verschiedensten Abschnitten des Baues besichtigt. Überall konnte man feststellen, daß der englische Straßenbau sich nicht auf eine bestimmte Bauart festlegt, die nun den verschiedensten Anforderungen angepaßt wird, sondern man sucht jeweils unter den vielen brauchbaren Bauarten diejenige aus, die den vorliegenden örtlichen Verhältnissen am besten entspricht.

Abb. 1. Woodford-Ilford-Road.

Das starke Zielbewußtsein, mit dem in England der Straßenbau im Hinblick auf die Zukunft angefaßt wird, kommt in der allmählichen Entwicklung der Arbeiten klar zum Ausdruck. Diese begannen mit der Oberflächenteerung und dehnten sich nach und nach über eine große Anzahl von bituminösen und anderen Straßenbefestigungsarten aus. Große Verdienste um die Untersuchung der schon sehr früh in zahlreichen Abarten auftretenden neuartigen Straßendecke hat sich der vor dem Weltkriege ins Leben gerufene Straßenbauausschuß (Road Board) erworben, dem die Mittel für wissenschaftliche und praktische Studien durch Parlamentsakt aus den Erträgnissen der damaligen Steuer auf das für Kraftfahrzeuge benutzte Benzol zur Verfügung gestellt waren und der in weitgehender Unabhängigkeit von Behörden und Straßenbauherren seine Ziele verfolgen konnte. Eine seiner interessantesten Leistungen ist die Ausführung einer Versuchsstraße in Sidcup vom Jahre 1911, auf der eine große Zahl verschiedener Straßendecken in einem Zuge hintereinander zur Erprobung im Verkehr ausgeführt wurden. Während des Krieges kamen die Arbeiten des Ausschusses zum Stillstand. Nach dem Kriege wurde er nicht wieder neu gebildet, sondern als eine besondere Abteilung dem Verkehrsministerium angegliedert. Die für seine Arbeiten erforderlichen Mittel stammen aus den Erträgnissen der Kraftfahrzeugsteuer, die der Nutznießer der Straße zu zahlen hat. Nach dem Berichte über die Verwaltung des Straßenbaufonds für das Jahr 1923/24 sind folgende Summen in den letzten Jahren flüssig gemacht worden.

1921	1922	1923	1924
9,4	12,6	12,8	14,6 Millionen Pfund.

Die wissenschaftliche Grundlage für die Entscheidungen über die Brauchbarkeit und Zuverlässigkeit der verschiedenen Straßendeckenarten bilden die Arbeiten der Ingenieurabteilung der physikalischen Landesanstalt in Teddington b. London. Die Anstalt ist eingerichtet für alle Baustoffprüfungen, die in das Gebiet des Straßenbaues fallen. Sie verfügt außerdem über eine große Prüfungsmaschine, bei der ein drehscheibenartiger Apparat es ermöglicht, 8 große Räder über eine ringförmige Probestrecke mit den verschiedensten Gewichten und Geschwindigkeiten laufen zu lassen. Durch diese Anordnung wird eine der praktischen Beanspruchung der Straße sehr nahekommende Belastung und Abnutzung der zu prüfenden Decken erreicht. In dieser Anstalt werden alle wichtigen neuen Bauarten, die für die Verwendung in Aussicht genommen sind, auf ihre Brauchbarkeit hin untersucht.

Abb. 2. Prüfungsmaschine für Straßendecken.

Bei der Planung und Ausführung der englischen Autostraße ist erster Grundsatz weitestgehende Rücksicht auf die Erfordernisse des Kraftwagenverkehrs, das ist in erster Linie die Ermöglichung großer Fahrgeschwindigkeit.

Das bedingt vor allem eine schlanke Linienführung mit großen Krümmungsradien und Freiheit von allen Bahnkreuzungen in Schienenhöhe. Soweit möglich schließen sich die neuen Straßen den bestehenden, von Ort zu Ort führenden Landstraßen an, die entsprechend begradigt, verbreitert oder verlegt werden. Ortschaften mit engen und unübersichtlichen Straßen werden stets mit neuen Straßenstrecken umgangen. Sind die Verhältnisse der alten Straße für einen Umbau zu ungünstig, so geht man zu vollständigen Neubauten über, wobei sich die Linienführung schon der von Eisenbahnen nähert. So findet sich in der Watling Street ein Einschnitt von 23 m Tiefe mit anschließendem Damm von fast 17 m Höhe. Das Verhältnis des Umfanges der Umbauten zu dem der Neubauten geht aus der Angabe hervor, daß im Gebiet von Groß-London

27 Bauvorhaben bestehen, von denen 40 Meilen (= rd. 64 km) sich an bestehende Straßen anschließen, 165 Meilen (= rd. 264 km) aber Neubauten sind. Von den 27 Bauvorhaben sind allein 12 Umgehungsstraßen eng bebauter Ortsstraßen.

Die Anlage von neuen Straßen ist in England sehr gefördert worden durch die planmäßige Beschäftigung Erwerbsloser und die hierbei vorgesehene einfache Art des Grunderwerbes. Es kommt darin die weitgehende Erziehung des englischen Volkes zur Anerkennung des Überwiegens öffentlicher Belange deutlich zum Ausdruck. Notwendige Enteignungsverfahren können in kürzester Zeit — genannt wurden 14 Tage — bereits zu der Entscheidung führen, daß das für den Straßenbau nötige Gelände in Besitz genommen werden kann, unbeschadet späterer Verhandlungen über die Höhe der Entschädigung.

Interessant ist, daß das Enteignungsrecht für Straßenbauten sich auf das zu beiden Seiten der neuen Straße gelegene Gelände, und zwar in 200 m Breite erstreckt.

In der Bemessung der Steigungen ist man, entsprechend der Fähigkeit der Kraftwagen, auch steilere Strecken ohne besondere Schwierigkeiten zu überwinden, vorerst wenigstens nicht allzu ängstlich. Im allgemeinen wird eine Höchststeigung von 1 : 25 innegehalten, doch bestehen auch Strecken mit Steigungen bis zu 1 : 18. Bei diesen sind allerdings Klagen über Schlüpfrigkeit der Asphaltmakadamdecken aufgetreten. Man hat in diesem Falle versucht, die Decke durch Aufbringen einer Schicht Öl und Steinsplitt abzustumpfen. An einer Stelle der Woodford-Ilford-Road, die die Rampe zu einer Bahnunterführung bildete und recht steil lag, hatte man für den Verkehr mit Pferdefuhrwerk je 1,80 m breite Pflasterstreifen an den Straßenseiten angeordnet. Eine endgültige Feststellung, bis zu welcher Steigung man gehen kann, ohne den Verkehr zu erschweren, ist noch nicht getroffen.

Die Querschnitte der Straßen sind je nach ihrer Verkehrsbedeutung verschieden. Bei den Hauptstraßen unterscheidet man Klasse I und II. Die Straßen der Klasse I haben im allgemeinen Oberflächenbreiten von 60' (18,3 m) = 30' (9,14 m) für Fahrbahn + 2·7' (2·2,10 m) für seitliche Rasenstreifen + 2·8' (2·2,5 m) für Fußsteige. In und um London beträgt die Oberflächenbreite gewöhnlich 100' (30,48 m), wovon auf den zunächst ausgeführten Fahrdamm 50' (15,24 m), auf seitl. Rasenstreifen 30' (9,14 m) und auf Fußwege 20' (6,10 m) entfallen. Die Verkehrsbreite für ein Fahrzeug ist auf 10' (3,05 m) festgesetzt. Für die Möglichkeit einer weitgehenden Zukunftsentwicklung ist also Sorge getragen. Die Gehwege sind in ihrer Breite immer sehr reichlich bemessen. Sie nehmen auch allein alle Leitungen auf. Muß die Fahrbahn mit Leitungen gekreuzt werden, so werden diese in zugängliche Tunnels gelegt, damit Straßenaufbrüche tunlichst vermieden werden. Stets sind die Straßen durch fortlaufende, sehr kräftige Einfriedigungen aus Eisen oder Eisenbeton — im Auftrage auch zeitweilig aus getränktem Holz — gegen das Nachbargelände abgeschlossen.

Die Kosten dieser Straßen-, Um- und Neubauten sind natürlich sehr hoch. Sie wurden uns z. B. angegeben für einige durch teuren Grunderwerb und zahlreiche Brückenbauten besonders kostspielige Strecken der Great West Road zu 186000 Pfund für eine Meile, für andere Strecken derselben Straße auf 30000 Pfund für eine Meile, für die 31 Meilen lange London-Southend-Road auf 1240000 Pfund oder rd. 40000 Pfund für eine Meile. Die oben erwähnten 27 Bauvorhaben in der Umgebung von London erfordern einen Aufwand von mehr als 12000000 Pfund = 240000000 Mark.

Die zur Erhaltung der Neuanlagen eingerichtete Straßenpflege ist vorzüglich eingerichtet. Den Aufsichtsbeamten stehen Kraftwagen zur Verfügung, die mit allen für schnelle Ausbesserung von Schäden notwendigen Werkzeugen und Einrichtungen ausgestattet sind.

Auch auf eine ausreichende Verkehrspflege ist Bedacht genommen, indem zahlreiche Telephonposten eingerichtet sind, die im Falle von Unglücksfällen oder Motorschäden sofort Hilfe herbeirufen. Außerdem verkehren auf den verkehrsreicheren Strecken in regelmäßigen Abständen Kraftwagen, die mit allen zur Ausbesserung von Kraftwagen erforderlichen Werkzeugen ausgerüstet sind und von den notwendigen Handwerkern selbst geführt werden.

III. Straßendecken.
1. Stein.
a) Großpflaster.

Auf den mit besonders schwerem Verkehr belasteten Strecken der Londoner Außenstadt, mit 10000 t täglicher Belastung oder 1000 t je 1 m Fahrbahnbreite, auf den Straßen entlang der Themse, die den Verkehr zu den Wasserumschlagsplätzen aufzunehmen haben und auf den Straßen in der Nähe von Fabriken, wo die Verkehrsbelastung auf 1000 t und mehr für das Meter Fahrbahnbreite steigt, verwendet man auch in England Großpflaster aus Stein.

Wie in Deutschland findet man Steinpflaster außerdem auch in sonst asphaltierten oder mit Holz gedeckten Straßen vielfach zwischen und neben den Straßenbahnschienen. Man ist zu dieser Anordnung gezwungen, weil die Fahrbahnbefestigung neben den Schienen häufig aufgenommen werden muß, entweder zum Zwecke der Instandhaltung des Gleises oder zur Ausbesserung der Fahrbahndecke zwischen den Schienen, die einen Fremdkörper in der Straßendecke bilden, und diese durch die ständig wechselnde Belastung beim Befahren sowie infolge von Temperatureinflüssen stark mitnehmen. Diese Beanspruchungen bedingen namentlich bei den dichten, fugenlosen Decken lästige und kostspielige Instandsetzungsarbeiten. Großpflaster aus Stein läßt sich dagegen leicht und billig wieder instand setzen.

Nebenbei sei bemerkt, daß die Straßenbahn, die in der eigentlichen Londoner Innenstadt nicht zugelassen ist und in der Hauptsache den Verkehr in der Außenstadt und entlang der Themse vermittelt, einen schweren Existenzkampf mit den Autobuslinien zu führen hat, die wegen ihrer Beweglichkeit sich den Verkehrsbedürfnissen besser anpassen. Dieser Kampf wird ihr noch dadurch erschwert, daß die Straßenbahn wie überall in England das Pflaster zwischen den Schienen und auf je 1' 6" zu beiden Seiten der Gleise zu unterhalten hat, was straßenbahnseitig auch gebührend betont wird. So verkündeten während unseres Besuches in London große, augenfällige Schilder an den Straßenbahnwagen und an den Haltestellen, daß die Straßenbahn im letzten Jahre 809000 Pfund = rd. 16000000 M. für Straßenverbesserungen bezahlt habe, ein sicher auch für Londoner Verhältnisse erheblicher Betrag.

Zu den Pflastersteinen wird möglichst inländischer Granit, in den letzten Jahren auch viel Granit von Norwegen und Belgien, oder bei stärkeren Steigungen auch ein fester Sandstein oder ein weicher Basalt verwendet. Die Decke wird ausnahmslos auf festem Unterbau verlegt, der entweder aus einer 8—10 Zoll = 20—25 cm starken, gut verzwickten und fest gewalzten Packlage, oder aus einer 6—8 Zoll = 15—20 cm starken mageren Betonschicht besteht. Darüber kommt eine schwache Bettungsschicht aus Pflastersand, dem Asphalt oder andere bituminöse Stoffe zugesetzt werden. An Stelle des bituminösen Mörtels wird wohl auch ein magerer Kalkzementmörtel als Bettung verwendet. In diese Bettungsschicht werden die Pflastersteine mit möglichst engen Fugen versetzt und gut abgerammt; nach dem Rammen, das die Unterbettung auf nur etwa 2 cm zusammenpressen soll, werden die Fugen möglichst tief mit einer heißen bituminösen Masse (Mischung aus Pech und Kreosotöl) oder auch mit flüssigem Zementmörtel vergossen. Ein sorgfältiger Fugenverguß mit einem Stoffe, der den Witterungs- und Temperatureinflüssen widersteht, ist nach Ansicht der englischen Ingenieure für die Haltbarkeit des Pflasters von der größten Bedeutung. Er soll übrigens auch das Geräusch beim Befahren erheblich vermindern.

Ein vorschriftsmäßig ausgeführtes Reihenpflaster aus bestem Steinmaterial stellt sich gegenwärtig auf 22—25 M. je 1 yard^2 = 26—30 M. je 1 qm.

Die Haltbarkeit des Pflasters wird je nach den örtlichen und Verkehrsverhältnissen und nach der Art des verwendeten Gesteins auf 20—30 Jahre angegeben. Es ist mithin viel wirtschaftlicher als Holzpflaster. Als Nachteile sind jedoch zu nennen: das große Geräusch und die Erschütterungen beim Befahren sowie das Glattwerden bei feuchter Witterung. Auch die Reinigung des Steinpflasters ist kostspieliger als die von Holzpflaster und fugenlosen Fahrbahndecken.

b) Kleinpflaster.

Von besonderem Interesse für die an der Studienreise beteiligten Straßenbaubeamten war es, zu erfahren, in welchem Umfange das in Deutschland mit bestem Erfolge ausgeführte Kleinpflaster in England Eingang gefunden hat. Die dem Studienausschuß zur Führung beigegebenen englischen Ingenieure teilten darüber mit, daß Kleinpflaster in England nur in geringem Umfange vorhanden sei und als Fahrbahndecke nicht sehr geschätzt werde. Als Grund gab man an, daß gut spaltbares Steinmaterial, das sich zu der für eine Großerzeugung notwendigen maschinellen Herstellung von Kleinpflastersteinen eigne, in England wenig vorhanden sei; auch fehlten geübte Arbeitskräfte, die Kleinpflastersteine durch Handarbeit anfertigen könnten. Es müßte daher das Kleinpflaster zu hohen Preisen aus dem Auslande bezogen werden. Auch habe sich das bisher versuchsweise ausgeführte Kleinpflaster nicht besonders bewährt. So hätte beispielsweise das auf der Versuchsstrecke in Sidcup im Jahre 1911 verlegte Kleinpflaster (Durax) größtenteils wieder beseitigt werden müssen, weil es dauernd in Bewegung war. Das bei der Besichtigung am 27. Oktober 1921 in Sidcup noch vorgefundene Reststück der im Jahre 1911 ausgeführten Kleinpflasterversuchsstrecke befand sich übrigens noch in leidlich guter Verfassung. Es soll aber bereits stark ausgebessert sein.

Wie weit das Versagen des Kleinpflasters auf den englischen Straßen auf nicht sachgemäße Ausführung zurückzuführen ist, ließ sich leider nicht einwandfrei feststellen. Wenn das Pflaster in Sidcup sich bewegt hat, so kann daran auch der Untergrund oder ein mangelhaft ausgeführter Unterbau die Schuld haben. Derartige Schäden haben sich auch bei deutschen Ausführungen gelegentlich gezeigt, ohne daß man deshalb das Kleinpflaster verworfen hätte. In England wird der Unterbau der Straßen zwar meistens in großer Stärke ausgeführt, es werden aber vielfach minderwertige Baustoffe, wie Ziegelbrocken, Ofenschlacken usw. dazu benutzt. Eine gute Packlage, wie sie in Deutschland üblich ist, läßt sich damit allerdings kaum herstellen. Ein unverrückbar fester Unterbau ist aber selbstverständliche Vorbedingung für die Haltbarkeit des Kleinpflasters, weshalb sich dieses auch am besten auf einer festen, alten Fahrbahndecke bewährt, die vor der Kleinpflasterung sorgfältig profiliert werden muß. Es muß noch erwähnt werden, daß man in England auch beim Kleinpflaster den Fugenverguß angewendet hat, ein Verfahren, daß in Deutschland nicht üblich ist und sich im allgemeinen auch nicht als notwendig erwiesen hat.

Der Herstellungspreis des Kleinpflasters einschl. Unterbau wurde uns mit etwa 24 M. je 1 qm angegeben. Das ist ein verhältnismäßig hoher Preis, zumal wenn man, wie das in England geschieht, die Haltbarkeit dieses Pflasters auf nicht höher als 12—15 Jahre schätzt.

2. Holz.

In der Innenstadt, wo wegen der Bebauung und der Verkehrsdichte eine möglichst geräusch- und erschütterungsfreie, dabei aber auch möglichst widerstandsfähige Straßenbefestigung von größter Bedeutung ist, findet man umfangreiche Holzpflasterungen. Es ist sowohl Weichholz (Kiefern, Fichten) wie auch Hartholz (Karri, Jarrah) verwendet, das beides, da geeignetes inländisches Holz nicht zur Verfügung steht, vom Auslande (nordische Länder und Australien) eingeführt werden muß. Das jetzt meist vorgezogene Weichholz wird gedämpft und dann mit Kreosotöl getränkt, wodurch seine Haltbarkeit wesentlich erhöht wird. Die Höhe der Pflasterklötze beträgt je nach der Holzart und der Schwere des zu tragenden Verkehres 4—6 Zoll = 10—15 cm.

Ausbesserungsarbeiten am Holzpflaster konnten bei den Fahrten durch London an vielen Stellen beobachtet werden. Auf der nach dem Buckinghampalast am St. James Park entlang führenden Prachtstraße „The Mall" wurde das Holzpflaster im ganzen erneuert, wodurch Gelegenheit geboten war, die neueste Ausführungsart kennen zu lernen. Das Holzpflaster wird auf einer Betonunterlage verlegt, die je nach den Untergrundverhältnissen und der Bedeutung der Straße 8—12 Zoll = 20—30 cm stark genommen wird. Der Betonunterbau besteht gewöhnlich aus einer mageren Grundschicht (1 : 6) und einer besseren Oberschicht (1 : 3 bis 1 : 2). Die Oberschicht muß nach dem Straßenquerprofil abgeglichen und glatt gestrichen werden. Der Beton soll mindestens eine Woche abbinden, bevor das Pflaster darauf gelegt wird. Um beim Verlegen der Holzklötze die gewünschte Fugenweite zu sichern, werden 2—3 mm starke, schmale Leisten hochkant auf den Betonunterbau im unteren Teile der Fuge zwischen die Klotzreihen gelegt. Die Fugen werden dann mit einem bituminösen Stoffe ausgefüllt. Die Oberfläche des fertigen Pflasters wird mit heißem Teer übergossen und besandet.

1 yard^2 Holzpflaster von 5 Zoll = 12,5 cm Höhe kostet zur Zeit einschl. Betongründung etwa 24 Sh (1 qm = 28,75 M.). Der Preis richtet sich u. a. auch nach der dem Unternehmer auferlegten Bewährungsfrist für das Pflaster (6—10 Jahre), während der dieser die Ausbesserungsarbeiten unentgeltlich zu leisten hat.

Die Lebensdauer des Holzpflasters schwankt je nach der Verkehrsstärke zwischen 10 und 15 Jahren. Sorgfältige Ausführung des Pflasters und rechtzeitige Ausbesserung etwa auftretender Schäden sind ebenso wie seine Reinhaltung und Pflege für die Lebensdauer von ausschlaggebender Bedeutung.

Das Holzpflaster eignet sich besonders für mittelschweren, aber dichten Verkehr und namentlich für den gummibereiften Kraftwagenverkehr. Verkehrsbelastungen von 500 t und mehr für das Meter Fahrbahnbreite sind keine Seltenheit.

3. Asphalt.

Vorbemerkung. Wenn in den nachstehenden Ausführungen über Aspaltstraßendecken von Bitumen[1]) die Rede ist, so ist darunter nach der in England herrschenden Auffassung nur die Gruppe von in Schwefelkohlenstoff löslichen Kohlenwasserstoffverbindungen zu verstehen, die auf Asphaltgrundlage aufgebaut sind. Erzeugnisse der Stein- oder Braunkohlendestillation werden in England nicht als Bitumen angesprochen.

---

[1]) Das Wort „Bitumen" stammt aus dem Sanskrit und hat wie das aus dem Griechischen stammende Wort „Asphalt" die Bedeutung „unveränderlich" oder „unzerstörbar".

Der englische Straßenbaufachmann unterscheidet (vgl. Higway Engineer's Year Book 1924) zur Zeit folgende Asphaltdecken:

a) Stampfasphalt (Rockasphalt) auf Betonunterbau,

b) Gußasphalt (Mastic) auf Betonunterbau oder auf vorhandener Straße,

c) Asphaltmakadam (ein- oder zweilagig) auf vorhandener Straße, auf neuer Packlage oder auf Betonunterbau.

a) Stampfasphalt.

Stampfasphaltstraßen werden in London seit dem Jahre 1869 gebaut und sind heute neben Holzpflasterstraßen im Innern der Stadt vorherrschend. Mit der Zunahme des Verkehrs verschwinden die anderen Befestigungsarten in London mehr und mehr zugunsten des Asphalts.

In der City in London überwiegt heute bereits Asphaltpflaster gegenüber dem früher fast ausschließlich verwendeten Holzpflaster. Die Stampfasphaltstraßen baut man genau so wie in Deutschland. Auf eine Betonunterlage, deren Stärke je nach der Schwere des Verkehrs und je nach der Beschaffenheit des Untergrundes zwischen 20 und 35 cm schwankt und die neuerdings bei besonders starkem Verkehre und bei schlechtem Untergrunde noch mit Eiseneinlagen verstärkt wird, wird nach ihrem Erhärten das Asphaltmehl in heißem Zustande aufgebracht.

Das Asphaltmehl wird durch mechanische Zerkleinerung und Pulverisierung des durch die Natur gelieferten Asphaltgesteins gewonnen. Der Bitumengehalt im natürlichen Asphaltkalkstein, der plastisch und von feinster Beschaffenheit sein muß, soll 10—12 % betragen (vgl. Higway Engineer's Year Book 1924). Ist er geringer, so wird das Gestein, wenn möglich, durch Vermengung mit einem Gestein von höherem Bitumengehalt so weit angereichert, daß der gewünschte Ausgleich stattfindet. Steht, was meist der Fall ist, solch bitumenreicheres Gestein nicht zur Verfügung, so wird das bitumenarme durch Zusatz von Mexphalt oder Trinidad-Epuré (gereinigter Trinidad-Rohasphalt) auf den notwendigen Bitumengehalt gebracht. Dieser Zusatz erfolgt in der Weise, daß das pulverisierte, bitumenarme Gestein auf 60 bis 90 °C erhitzt und in einer dazu konstruierten kleinen Mischmaschine von etwa 200 kg Fassungsvermögen mit dem erforderlichen auf etwa 130 °C erhitzten Mexphalt oder Trinidad-Epuré vermengt wird. Das Mischprodukt erstarrt nach der Abkühlung und wird dann abermals gemahlen. Das Asphaltmehl wird auf der Baustelle auf 80—100 °C erhitzt, 8 cm hoch auf die Betonunterlage geschüttet und dann durch Stampfen und Walzen auf 5 cm Stärke zusammengedrückt. Damit ist das Asphaltpflaster fertig und kann sofort dem Verkehr übergeben werden. Dieser drückt die Asphaltschicht nach und nach noch weiter zusammen, und zwar soll das zunächst kaum merklich und so geschehen, daß auch nach 5—6 Jahren eine merkliche Verminderung der Mineralsubstanz pro Flächeneinheit noch nicht erfolgt ist. Erst nach Verlauf von 5—6 Jahren soll die eigentliche Abnutzung unter dem Verkehre eintreten. Wood empfiehlt daher in Modern Road-Construction, bei Verlegung des Asphaltes in Verkehrsstraßen diesen mit Stampfern nicht zu stark zusammenzupressen, um nicht von vornherein an Stelle einer nachträglichen Zusammenpressung durch den Verkehr eine vorzeitige Abnutzung zu begünstigen. Stampfasphalt wird in Steigungen bis 1 : 60 verlegt.

Auch bei den in den letzten Jahren neu angelegten großen Automobilstraßen in der Umgebung von London hat man Decken aus Stampfasphalt verwendet, z. B. bei der Great West Road in Middlesex. Die Betonunterbettung hat hier 25 cm Stärke und besitzt etwa 5 cm über der Unterkante des Betons eine Eisenbewehrung aus einem Maschengeflecht von 17,5 × 7,5 cm in Stärken von etwa 4—5 mm Durchmesser. Wo der Beton auf lehmigem Acker- oder Wiesengelände aufgelagert ist, ist der Untergrund drainiert und die Wirkung der Drainage noch dadurch verstärkt, daß unter dem Beton eine Schotterschicht aus Klinkerkleinschlag oder Hochofenschlacke eingebracht ist.

Die in London ansässigen führenden Stampfasphaltfirmen sind (vgl. Higway Engineer's Year Book 1924):

	Bezugsquelle des Asphaltgesteins
The French Asphalte Paving Company . .	Seyssel (Frankreich)
The Val de Travers Asphalte Company . .	Ragusa (Sizilien)
The Newchatel Asphalte Comp. Ltd. . . .	Val de Travers (Schweiz) und Abruzzen (Italien)
The Limmer & Trinidad Lake-Asphalte Comp. Ltd.	Ragusa (Sizilien) und Trinidad — See
The London Asphalte Comp.	Ragusa (Sizilien)
The Ragusa Asphalte Company	Ragusa (Sizilien)

b) Gußasphalt.

Gußasphalt (Mastic Asphalte) (vgl. Higway Engineer's Year Book 1924), den die meisten der vorgenannten großen Firmen neben Stampfasphalt herstellen, besteht aus Bitumen und Sand und wird entweder auf 15—20 cm starker, erhärteter Betonunterlage oder unmittelbar auf alten chaussierten oder gepflasterten Straßen verlegt, nachdem vorher vorhandene Schlaglöcher mittelst Asphaltbeton ausgefüllt worden sind. Bei der Aufbereitung des Gußasphaltes wird Kalkstein so fein gemahlen, daß nicht weniger als 60% durch ein 200-Maschensieb, d. h. durch ein Sieb von 200 Maschen auf die Länge eines englischen Zolles oder von 200 × 200 Maschen auf die Fläche von 1 engl. Quadratzoll hindurchfallen. In dem gemahlenen Stein- und Sandmaterial sollen keine Bestandteile enthalten sein, die auf einem 10-Maschensieb zurückbleiben. Das durch die Mahlung erhaltene Pulver wird mit Bitumen gemischt und bis auf etwa 170—180° C erhitzt. Die Mischungen sollen 15% lösliches Bitumen enthalten. Das gut durchmengte Material wird dann in passende Stücke gegossen, die als Mastixbrote von etwa 30 kg Gewicht zum Versand kommen. Auf der Baustelle, wo der Gußasphalt verlegt werden soll, werden die Stücke aufgeschmolzen. Im Schmelzkessel werden 40 Gewichtsprozente eines Granit- oder Kalksteinsplitts von 6—20 mm Größe zugesetzt.

Auf dem Straßenbaukongreß in Sevilla wurde die Zusammensetzung des englischen Gußasphalts wie folgt angegeben:

	Im Mastix %	Fertig verlegt nach Zugabe des Steinsplitts %
In Schwefelkohlenstoff lösliches Bitumen	16,4	10,8
Steinmehl 200 Maschen durchlaufend . . .	43,2	22,1
,, 100 ,, ,, . . .	9,2	7,0
,, 80 ,, ,, . . .	2,0	2,8
,, 50 ,, ,, . . .	10,8	5,6
,, 40 ,, ,, . . .	4,5	2,6
,, 30 ,, ,, . . .	6,8	3,7
,, 20 ,, ,, . . .	4,7	2,3
,, 10 ,, ,, . . .	2,4	5,5
Splitt 6 mm bis 2 cm	—	37,6
	100,0	100,0

Bei Herstellung von Gußasphaltdecken in großem Umfange wird der Gußasphalt aus den Rohstoffen wohl auch auf der Baustelle hergestellt. Das gemahlene Asphaltmehl wird dann unter Zusatz von Trinidad-Epuré oder Mexphalte aufgeschmolzen und mit Sand vermischt. Zur Herstellung dieses Gußasphaltes werden zylindrisch geformte Kessel mit einem Fassungsvermögen von 5—10 t verwendet. Ein Rührwerk, das an einer in der Längsrichtung des Kessels in diesen eingebaute Achse angebracht ist, gewährleistet die innige Vermischung der verschiedenen Bestandteile. Die Mischung erfolgt bei einer Temperatur von 170—180° C und dauert je nach der Größe des Kessels 4—8 Stunden.

Der Gußasphalt wird in heißem Zustande als strengflüssige Masse mittels einer Holzspachtel durch hierzu angelernte Arbeiter in 2 Lagen von je 20—25 mm Stärke auf die Straßenfläche gestrichen. Die untere Lage wird etwas bitumenreicher, d. h. etwas weicher gehalten, damit die Decke bei etwa auftretenden Rissen der Unterlage, die unvermeidlich sind, wenn diese aus Beton besteht, eine größere Nachgiebigkeit besitzt und nicht mitreißt.

Gußasphaltdecken werden vielfach in den Londoner Vororten und im Zuge der neuen Automobilstraßen verwendet. Im Zuge der Straße London—Colchester in der Nähe von Brentwood konnte eine vor etwa 12 Jahren auf alter Chaussierung hergestellte 5 cm starke Gußasphaltdecke gezeigt werden, die noch in durchaus gutem Zustande sich befand. Nach Angabe der englischen Regierungsvertreter hatte sie in der gesamten Zwischenzeit irgendwelche Kosten für bauliche Unterhaltung nicht erfordert und würde auch nach Ansicht derselben Fachleute in den nächsten 4—5 Jahren vermutlich keine erfordern. In unmittelbarer Nähe dieser alten Gußasphaltdecke konnte eine soeben fertiggestellte neue gezeigt werden. Die Unterlage war hier teils alte Schotterdecke, teils alter Teermakadam und teils alter Walzasphalt, bei denen wegen des starken Wasserandranges in der stark geneigten Straße Sackungen im Untergrund eingetreten waren. Um diese bei der neuen Decke zu vermeiden, hatte man in die alte Decke etwa alle 5 m in 45° Neigung zur Längsachse der Straße einen Drainagestrang eingebaut. Um das Abrutschen der Pferde und ein Gleiten der Automobile auf der neuen Asphaltdecke möglichst zu vermeiden, war ihre Oberfläche durch Einwalzen kleiner quadratischer Vertiefungen „aufgerauht", die eine Seitenlänge von etwa 3 cm und eine Tiefe von etwa 3 mm hatten. Straßen mit Decken aus Gußasphalt werden in England seit Anfang der siebziger Jahre des vorigen Jahrhunderts gebaut. Er wird in Steigungen bis 1 : 30 verlegt.

c) Walzasphalt.

Die ersten kleineren Versuche mit Walzasphalt wurden in England zu Ende des vorigen Jahrhunderts gemacht. Sie schlugen fehl aus Unkenntnis über das Wesen des Bitumens und wegen fehlerhafter Zusammensetzung der Mineralsubstanzen. Erst als der Grundsatz dieser Zusammensetzung nach den kleinsten Hohlräumen aufgestellt und anerkannt war, daß die Aufgabe des Bitumens lediglich die Verkittung der Mineralsubstanz ist, wurde in London im Jahre 1906 eine größere Versuchsstrecke mit Asphaltmakadam auf dem linken Themseufer im Zuge der Thames Embankment zwischen Westminster- und Blackfriars-Brücke gebaut. Da die Bauweise sich hier bewährte, häufte sich von dieser Zeit ab die Zahl der Versuchsstrecken mit ihr. Selbst im Innern von London sind Walzasphaltstraßen gebaut worden, so die Shaftesbury Avenue, die, von Piccadilly ausgehend, nach der Charing Cross-Street verläuft.

Das beim Asphaltmakadam verwendete Bitumen soll entweder aus reinen Petroleumrückständen mexikanischer Herkunft bestehen, die auf Asphaltbasis aufgebaut sind (sogenannte Mexphalte) oder aus Trinidad-Asphalt und darf keinen Paraffingehalt haben. Petroleumrück-

stände galizischer Herkunft werden in England zu Walzasphalt oder Gußasphalt wegen ihres Paraffingehaltes und der damit verbundenen Gefahr des Zerfalls nicht verwendet. Mexphalte ist der Hauptbestandteil,
etwa 55 % des mexikanischen Rohöls. Der Mexphalte selbst ist zu etwa
99,8 % reines Bitumen. Trinidadasphalt enthält nach seiner Reinigung
von Holz, Gas und Wasser außer dem Bitumen noch etwa 38 % Mineralsubstanzen, die aber keinen ungünstigen Einfluß auf seinen Bestand
ausüben. Hinsichtlich ihrer Konsistenz und ihrer sonstigen Beschaffenheit entsprechen Mexphalte und Trinidad-Epuré dem im Asphaltgestein
enthaltenen Bitumen und sind ihm ebenbürtig.

Abb. 3. Walzasphaltdecke.

Der Walzasphalt besteht aus einer Mischung von Bitumen und
Mineralien. Beide werden vor ihrer Verarbeitung zu Walzasphalt im
Laboratorium auf ihre Zusammensetzung geprüft: Bitumen auf Schmelz-
punkt, Tropfpunkt, Streckbarkeit (Duktilität), Penetration (Weich-
heit), Erstarrungspunkt, freie Kohlenstoffe, unlösliche Stoffe, Säure-
zahl, Schwefel, Paraffingehalt und Mineralsubstanz; Schotter und
Splitt auf Festigkeit; Sand auf Korngröße und Beimengungen.

Bei schweren Verkehrsstraßen wird der Asphaltmakadam meist in
2 Lagen eingebaut, die verschiedene Stärke und verschiedene Zusammensetzung haben. Die untere Schicht hat in der Regel 5—7 cm Stärke
und wird Binder genannt. Das zu ihr verwendete Gemenge von Bitumen
und Steinmaterial bezeichnet man als Asphalteconcrete, also Asphaltbeton. Es ist meistens ungefähr folgendermaßen zusammengesetzt:

Gebrochene Steine zwischen 6 mm bis 25 mm:	60—65 %
Sand und Steinstaub	30—35 %
Bitumen	6— 9 %
zusammen	100 %.

Auf die vorher eingewalzte Binderschicht kommt die Deckschicht in etwa 4 cm Stärke. Sie besteht aus:

Scharfem Sand, von dem die größten Teile das
9 mm Maschensieb durchlaufen . . . . 63 %
Portlandzement als Füllmaterial . . . . 27 %
Bitumen . . . . 10 %
zusammen 100 %.

An Stelle der gebrochenen Steine und des Sandes verwendet die Highways Construction Ltd. in London, die den Asphalt der Shell-Mex-Limited Comp. in London verarbeitet, mangels anderen geeigneten Steinmaterials für Binder- und Deckschicht eine gesinterte Schlacke (Klinker genannt), wie sie sich z. B. in einer riesigen, in der Nähe der Westindien-Docks lagernden Halde vorfindet. Diese Halde ist vor Jahren durch Selbstentzündung eines großen Kohlenlagers der dort liegenden Gasanstalt entstanden. Infolge der großen Oberfläche der Schlacke und ihres relativ geringen spezifischen Gewichtes ist die Menge des verwendeten Bitumens größer. Die Binderschicht besteht hier aus:

Gebrochene Schlacke bis zu 4 cm Kantenlänge etwa 80 %
Sandstaub . . . . 10 %
Mexphalte etwa . . . . 10 %
zusammen 100 %

Die Deckschicht enthält:
Schlacke unter 9 mm Maschensiebfeinheit . . . . 68 %
Füllmaterial . . . . 16 %
Mexphalte . . . . 16 %
zusammen 100 %.

Wood gibt in seinem Werke „Modern Road-Constructions" eine Reihe anderer Zusammensetzungen des für Walzasphalt verwendeten Materials an, die sich besonders in dem Anteil der verschiedenen Körnungen voneinander unterscheiden.

Es mögen einige Beispiele folgen:

	A %	B %	C %	D %
Bitumen	10,37	15,94	11,85	11,00
Mineralsubstanz 200 Maschen . . .	1,97	6,43	13,78	18,20
,, 100 ,, . . .	5,03	27,43	7,02	9,85
,, 80 ,, . . .	4,77	4,78	8,40	4,15
,, 50 ,, . . .	34,50	11,77	19,90	12,00
,, 40 ,, . . .	11,20	10,29	3,90	4,90
,, 30 ,, . . .	8,15	8,31	4,53	6,00
,, 20 ,, . . .	8,65	7,63	—	—
,, 10 ,, . . .	11,88	6,42	21,54	15,15
,, unter 10 ,, . . .	3,48	1,00	9,08	18,75
	100,00	100,00	100,00	100,00

Die Aufbereitung des Materials zu Walzasphalt erfolgt in festen oder beweglichen Anlagen, die beide ähnlich eingerichtet sind. Zwei feste Anlagen führender Londoner Fabriken wurden besichtigt: die Fabrik der Limmer & Trinidad Lake-Asphalte Comp. und die Anlage der Highways Construction Ltd.

Die Limmer & Trinidad Lake-Asphalte Comp. verwendet als Bitumen gereinigtes Material aus dem Trinidadsee (Trinidad-Epuré), das mit einem Fluxoil (asphaltische Erdölrückstände, Erdölasphalte) erweicht wird. Ihre Aufbereitungsanlage besteht in der Hauptsache aus rotierenden Trommeln für das Trocknen der Steine mit zugehörigen Steinbehältern und Siebanlagen, beweglichen Bitumen-Groß- und -Kleinbehältern zum Aufbewahren und Abmessen der Bitumenmengen, Stein- und Sandbehältern, Zementkleinbehältern mit dazu gehörigen Elevatoren, den Feuerungsanlagen und den Mischapparaten, in denen die anteiligen Mengen von Steinen, Splitt, Sand und Bitumen vermischt werden. Die Mischer sind derartig eingerichtet, daß man bei Herstellung des Gemenges für die Deckschicht, die keine groben Steine enthält, die Klauen im Mischer umstellen kann. Der Mischvorgang der vorher gesondert erhitzten und abgewogenen bzw. gemessenen Materialien dauert bei 150—180° C Wärme nur wenige Minuten. Die fertige Masse fließt in dichte Kastenwagen und wird sofort nach den Baustellen abbefördert.

Eine Fabrikanlage der Highways Construction Ltd., die den von der Shell-Mex-Ltd. gelieferten Asphalt verarbeitet, befindet sich unmittelbar bei der vorhin erwähnten Schlackenhalde der Gasfabrik in der Nähe der Westindiendocks. Hier wird die Schlackenhalde durch schwere Schaufelbagger abgetragen. Die großen Stücke werden auseinandergeschlagen und alsdann dem Steinbrecher übergeben. Die Sortierung der durch den Steinbrecher gebrochenen Schlacke erfolgt maschinell nach drei Korngrößen, 40—25 mm, 20—6 mm, 6 mm bis Staub. Die sortierten Schlacken gelangen dann in eine auf etwa 210° C erhitzte Trockentrommel, an die der Asphaltmischer angeschaltet ist. In diesen gelangen für die Binderlage 90% Schlacken der verschiedenen Korngrößen und 10 Teile Bitumen. Nach Ablauf von zwei Minuten ist die Mischung bei etwa 150—170° C erfolgt. Für die Oberlage werden 78% feine Schlacke, 6% Zement, sogenannter Filler und 16% Bitumen auf dieselbe Weise gemischt. Als Bitumen verwendet die Firma ausschließlich asphaltische Erdölrückstände der Shell-Mex-Ltd., das sogenannte Mexphalte, das fix und fertig nach der Fabrik bzw. nach der Baustelle geliefert wird. Irgendwelches Fluxoil wird nicht zugesetzt. Die Zufuhr von Mexphalte zum Asphaltmischer erfolgt durch eine Pumpe und ein Röhrensystem. Der Teil des Rohrs vor der Pumpe ist an ein heizbares Vorratsgefäß angeschaltet. Von dem hinter der Pumpe angebrachten Rohr mündet eine Abzweigung in ein Wiegegefäß, das für den Mischungsapparat bestimmt ist. Eine zweite Abzweigung mündet wieder in das ersterwähnte Vorratsgefäß. Der Mexphalte wird also dauernd durch die Pumpe aus dem Vorratsgefäß durch das Röhrensystem wieder in das Vorratsgefäß gepumpt. Soll Mexphalte zu Mischzwecken abgezapft werden, was bei flottem Betrieb etwa alle 3 Minuten geschieht, so wird in der hinter der Pumpe angebrachten Rohrleitung ein Hahn derartig umgestellt, daß der aus dem Vorratsgefäß gepumpte Mexphalte zum größten Teil in das Wiegegefäß läuft und nur ein kleiner Teil wieder in das Vorratsgefäß zurückfließt. Dieses fortwährende Pumpen des Mexphalte durch das erhitzte Röhrensystem ist notwendig, weil das stillstehende Mexphalte infolge seiner großen Zähigkeit binnen ganz kurzer Zeit in den Pumpen und in den Röhren erstarren würde. Die fertig gemischte Masse wird auch hier in dichte Kastenwagen abgelassen und in diesen abtransportiert. Sie kühlt dabei erst in mehreren Stunden auf die Einbautemperatur ab und verträgt daher einen Transport bis auf etwa 40 km.

Die Asphaltmakadamdecke verlangt bei Straßen mit starkem Verkehr, wie es die zur Zeit in Ausführung begriffenen großen Ausfallstraßen in der Nähe von London sind, soweit sie nicht auf alte Packlage aufgebaut wird, einen kräftigen Unterbau aus gewalzter Packlage. Im Wiesengelände oder bei unsicherem Untergrund wird dieser Unterbau auch aus Beton hergestellt. Auf dem Unterbau wird zunächst die 4,5—6 cm starke Binderschicht mit Schaufeln ausgebreitet, mit Harken verteilt, nach der Schablone dem Profile angeglichen und mit einer sogenannten Tandemwalze abgewalzt. Das Gewicht dieser Maschine, die nur zwei nach allen Richtungen sehr leicht bewegliche Walzen hat, schwankt zwischen 6 und 8 t. Ist von der Binderschicht eine Strecke von 50—100 m eingebaut und gut abgewalzt, so wird die Deckschicht in einer Stärke von 3—4 cm aufgebracht. Das 120 bis 150° C heiße Material wird ausgeschaufelt, ausgebreitet, geharkt, im Profile abgezogen und zunächst mit einer leichten Walze bearbeitet, die sich ständig in Kurven von der Bordschwelle nach der Mitte zu und zurückbewegt, ohne zur Ruhe zu kommen. Anschließend an diese Arbeit wird dann die fertige Decke mit einer 6—8-Tonnenwalze endgültig festgewalzt. Der Arbeitsgang geht sehr flott von statten. Das Ankleben von Material an der Walze verhindert man durch Begießen der Walzenfläche mit Wasser. In Straßen mit schwächerem und leichterem Verkehr verzichtet man oft auf die Binderschicht und verwendet nur eine Decklage von 4—6 cm Stärke, die unmittelbar auf die alte Chaussee- oder Pflasterdecke aufgebracht und abgewalzt wird.

Eine Straße mit Walzasphaltdecke kann unmittelbar nach ihrer Fertigstellung dem Verkehr übergeben werden. Bei starken Steigungen — man verwendet Walzasphaltdecken in der Umgebung von London noch in Steigungen bis zu 1:18 — erhält die Straße vor Übergabe an den Verkehr noch einen Spramexanstrich, der mit gebrochenem Feuersteinkies von etwa 3 mm Korngröße überstreut und dann zur Erzielung einer möglichst rauhen Oberfläche nochmals abgewalzt wird. Spramex wird ebenso wie Mexphalte bei der Destillation des mexikanischen Erdöls gewonnen. Es unterscheidet sich von Mexphalte nur durch die weichere Konsistenz. Spramex wird übrigens auch — ähnlich wie Teer — mit gutem Erfolge zur Oberflächenbehandlung alter Schotterdecken verwendet. Die Kosten eines Überzuges mit Spramex werden auf etwa 0,50 M. pro qm angegeben. (Näheres darüber findet sich in **Abschnitt II, 2 b, Teer.**)

Abb. 4. Walzasphaltdecke.

Die Vorzüge der Walzasphaltdecken beruhen nach Wood: „Modern Road-Constructions", in der hohen Wirtschaftlichkeit — die Lebensdauer wird auf 20 Jahre geschätzt —, die Unterhaltungskosten sind gering, in den ersten 5—7 Jahre sogar gleich Null, Ausbesserungen sind leicht möglich und lassen sich ohne Verkehrsstörungen ausführen, — sowie in der großen Verkehrserleichterung: die Oberfläche ist geräuschlos und läßt leichten Verkehr sich ebenso glatt abwickeln wie schweren Verkehr, so daß Kraftfahrzeuge aller Art ebenso sicher verkehren wie Pferdefuhrwerke. Ein ähnliches Urteil über die Walzasphaltstraßen wird in Higway Engineer's Year Book 1924 abgegeben, wo auch darauf hingewiesen wird, daß die außerordentliche Zunahme des schweren Kraftwagenverkehrs die Anwendung des Asphaltmakadams für die Hauptausfallstraßen geradezu erfordert. Besonders wird die Zweckmäßigkeit des Asphaltmakadams für Decken solcher Straßen betont, auf denen vorherrschend gummibereifte Fahrzeuge verkehren.

Was die Kosten und Lebensdauer der Asphaltmakadamdecken betrifft, so finden sich darüber nähere Angaben bei Wood: „Modern

Road-Constructions", wo auch Kostenvergleiche zwischen gewöhnlichem Makadam, Holzpflaster, Stampfasphalt und doppellagigem Asphaltmakadam gezogen sind.

Bei einer sorgfältigen Nachprüfung jener Zahlenangaben und ihrer Grundlagen mag man vielleicht zu etwas weniger günstigen Ergebnissen als Wood kommen, aber es muß festgestellt werden, daß in der Nähe von London sich die Asphaltmakadamdecke immer steigender Beliebtheit erfreut. Von den neuen Autostraßen in der Nähe von London, von denen etwa 300 km befahren wurden, sind die Watling-Street, die Farningham-Wrotham-Road, die London-Southend-Road, die London-Tilbury-Road und viele andere so konstruiert, daß grundsätzlich Asphaltmakadam als endgültige Decke in den verschiedensten Ausführungen in den bis 20 m tiefen Einschnitten und auf Erddämmen bis etwa 1 m Höhe verwendet worden ist, während allerdings auf den 15 m hohen Dämmen wegen der noch zu erwartenden starken Sackungen dem in der ersten Ausführung billigeren, dabei auch beweglicher bleibenden Teermakadam der Vorzug gegeben worden ist.

Die sämtlichen besichtigten Asphaltmakadamstraßen, sowohl die früher hergestellten als auch die erst vor kurzem dem Verkehr übergebenen, befanden sich durchweg in tadellosem Zustande.

4. Teer.

England bevorzugt zwei Verwendungsarten des Teers im Straßenbau:
a) Oberflächenteerung (Surface-Tarring),
b) Teermakadam im Kalteinbauverfahren (Tarmacadam).

Tränk-, Pechmörtel- und Teermakadam-Heißeinbauverfahren kommen selten zur Ausführung. Teerkunstasphalte unter Verwendung feinster Mineralien sind unbekannt.

a) Oberflächenteerung.

Genau wie in Deutschland war es auch in England zunächst sehr schwer, den für die Oberflächenteerung geeigneten Teer zu finden, viele Mißerfolge waren auf die Anwendung des gewöhnlichen Rohteers zurückzuführen. Rohteer wurde auf den Straßen nicht fest, bildete bald schwarzen Schlamm, wurde vom Regen aufgelöst und verunreinigte Flüsse und Teiche, in die das Straßenwasser gelangte. Um diesen gefährlichen Versuchen ein Ziel zu setzen, gab das im Jahre 1910 gegründete Wegeamt Road Board des Verkehrsministeriums im Jahre 1911 Vorschriften über Oberflächenteerung auf Chaussierungen heraus. Eine Neuausgabe vom Jahre 1923, an der außer den Vertretern der Behörde auch Vertreter von Gasanstalten, Teerdestillationen und andere Industrien beteiligt waren, weicht nur in wenigen Punkten von der ersten Ausgabe ab. Da ihr Inhalt auch für den deutschen Straßenbauer von Wert ist, ist die Übersetzung in möglichster Anlehnung an den Urtext am Schlusse dieses Abschnittes 4. Teer beigefügt.

Die Vorschriften für die Beschaffenheit des Teeres gehen teilweise sehr ins Einzelne, die wesentlichste ist, daß nur geeigneter Teer zu verwenden ist, und zwar die Sorte Nr. 1, über deren Zusammenstellung die ebenfalls am Schluß dieses Abschnittes wiedergegebene ministerielle Vorschrift genaue Angaben enthält.

Wendet man die Bestimmung über die Teersorte Nr. 1 auf deutsche Verhältnisse an, so ist zu verlangen, daß nur abdestillierte, von Wasser, Leichtölen und Naphthalin befreite Teere oder aber besonders präparierte Teere, d. h. Gemische aus Anthrazenöl und Pech verwendet werden dürfen, keinesfalls Rohteere. Im allgemeinen wird ein präparierter Teer, der aus 45—50 Teilen Anthrazenöl und 50—55 Teilen Pech besteht, den englischen Bestimmungen entsprechen. Bei vollkommen wasserfreiem Teer kann die Verarbeitungstemperatur ohne Gefahr des Überkochens bei 200° C liegen. In England wird der Teer im allgemeinen auf 120—140° C erhitzt.

Ob die Oberflächenteerung am zweckmäßigsten von Hand oder mit Maschinen ausgeführt wird, darüber gehen in England auch heute noch die Ansichten auseinander. Folgende drei Arbeitsweisen haben ihre Anhänger:

1. **Handarbeit** (mit Gießkanne und Handbesen),

2. **Maschinenarbeit** ohne Druck; der Teer läuft aus fahrbaren Wagen, an denen Besen und Gummischieber befestigt sind, auf die Straße,

3. **Maschinenarbeit** mit Druck; der Teer wird durch Schläuche auf die Straße gespritzt und dort verteilt:

    a) ohne Besen,

    b) durch unmittelbare Verbindung der Schläuche mit den Handbesen.

Die in Frage kommenden Teerungsmaschinen haben ein Fassungsvermögen von 50—1000 Gallonen (227—4540 Liter).

Auch über die beste Art des Absandens bestehen Meinungsverschiedenheiten, und zwar sowohl darüber, ob:

    a) es sogleich nach der Teerung geschehen soll oder nach Verlauf von mehreren Stunden, als auch, ob:

    b) Sand, Kies oder Splitt verwendet werden soll.

Um Unfällen und Beschädigungen von Personen und Fahrzeugen durch Teerspritzen zu vermeiden, wird es meist für zweckmäßig gehalten, die Absandung gleich nach der Teerung vorzunehmen. Die Haftfähigkeit des Teeres an den einzelnen Gesteinsmaterialien ist verschieden stark. Hervorgehoben wird z. B. die gute Haftung an Kalkstein.

Für die Abdeckung wird gewöhnlich dasselbe Gestein benutzt, aus dem die Straßendecke besteht und zwar meist in der Korngröße von 0,6—1,0 cm ($^1/_4$—$^3/_8$ inches). Stark staubende Stoffe, auch Sand, sind nach englischer Ansicht nicht zu empfehlen, obwohl sie unter gewissen Voraussetzungen bei richtiger Anwendung bestimmter Stoffe dichte Decken ergeben. Auch beim Absanden wird der Handarbeit mit Schaufel vor der Verwendung von Maschinen der Vorzug gegeben, die zu diesem Zweck konstruiert sind (fahrbare Sandstreuer).

Je nach der Dichtigkeit und dem Aufnahmevermögen der Straßendecken ist der Teerverbrauch verschieden und damit natürlich auch der Kostenaufwand. Es beträgt:

der durchschnittliche Bedarf an Teer . 0,6—1,5 Liter für 1 qm
„   „   „   „ Gestein   4—8 kg   „ 1 „
der ungefähre Kostenaufwand . . . . . 4—6 pence für ein yard²
0,41—0,63 M. für 1 qm bei einem Teerpreis von 2,90 M. pro 100 kg.

Die Oberflächenteerungen auf alten chaussierten Straßen werden in England gewöhnlich alle Jahre einmal wiederholt. Wie sehr durch regelmäßige Teerung die Schotterdecke geschont wird, zeigt als Beispiel eine Strecke der im übrigen mit Teer- oder Asphaltmakadam gedeckten Great-North-Road, in der Nähe von London, die als chaussierte Straße seit 1911 jedes Jahr geteert worden ist. Trotz des schweren Verkehrs auf der Straße, besonders während des Krieges, war es bis jetzt nicht nötig, die Schotterdecke unter der Teerschicht zu erneuern. Noch heute befindet sich die Straßenstrecke infolge der Teerbehandlung in gutem Zustande (Highway Engineer's Year Book, S. 36).

Vorzügliche Oberflächenteerungen wurden auf vielen Straßen beobachtet, z. B. zwischen Rayleigh und der Purfleet-Tilbury-Road, bei Gravesend und Wrotham, in großer Ausdehnung im Hyde-Park, auf Betonstraßen (Southwark) und auf der Fortsetzung der Great-West-Road, auf vielen Holz- und Steinpflasterstraßen und endlich in besonders ausgedehntem Maße auf Teermakadamstraßen.

b) Teermakadam.

Vorauszuschicken ist, daß die Teermakadamdecke einen kräftigen Unterbau nötig hat, in derselben Weise wie die Asphaltmakadamdecke. Hier ist über den Unterbau das Nötige schon gesagt.

Die ersten Teermakadamdecken in England sind um 1900 herum gebaut worden. Obwohl somit der Teermakadam im Vergleich zu anderen Straßenbefestigungen erst eine verhältnismäßig kurze Entwicklung hinter sich hat, so hat diese Bauweise doch in ganz England großen Anklang gefunden und ist von Jahr zu Jahr in stärkerem Maße angewendet worden. Dies trifft besonders für Mittel- und Nordengland zu, da man dort über die geeigneten Gesteinssorten, wie gute Hochofenschlacke, Granit (Hartgestein) und Kalkstein, verfügt. Als bestes Beispiel für die ausgedehnte Anwendung von Teermakadam wurde die

Grafschaft Durham benannt. Dort tragen von den vorhandenen 880 km Hauptstraßen rund 600 km eine Teermakadamdecke (rd. 3 Millionen Quadratmeter).

Im Süden von England sind die Vorbedingungen für die Verwendung von Teermakadam nicht so günstig. Es kann hier sogar gelegentlich unwirtschaftlich werden, wenn die Beschaffung des nötigen Gesteins, das von weither zugeführt werden muß, zu teuer wird. Welch wesentliche Rolle die Beschaffung brauchbaren Gesteins z. B. in London und Umgebung spielt, zeigt die Tatsache, daß man, wie schon oben erwähnt, zur Zeit unseres Besuches große Halden von gesintertem Koks dafür ausbeutete. Das gewonnene Material (Klinker genannt)

Abb. 5. Teermakadamdecke mit Oberflächenteerung.

ist allerdings wegen seiner Porosität zur Verwendung als Teermakadam ungeeignet, läßt sich indessen noch mit Vorteil für Asphaltmakadam verwerten. Dieser Gesteinsmangel ist so empfindlich, daß es vorübergehend, — bei billigen Zementpreisen — in der Nähe von London vorteilhafter war, den Unterbau von Makadamdecken aus Kies- und Schlackenbeton statt aus regelrechter Packlage herzustellen. Trotzdem konnte die Verwendung von Teermakadam auch in der Umgebung von London in zahlreichen Fällen festgestellt werden, besonders, wie ebenfalls schon erwähnt, dort, wo man auf frisch geschütteten Straßendämmen mit Setzungen und demgemäß auch mit Bewegungen in der Straßendecke rechnen mußte.

Über die der Teermakadamdecke zuzumutende Verkehrsstärke und über ihre Lebensdauer wurden folgende Angaben gemacht:

„Auf mehrspurigen Straßen mit einer Verkehrsbelastung von 8000 bis 9000 t täglich hat sich der Teermakadam nach jeder Richtung hin bewährt. Es liegt z. B. die Straße von Sheffield bis Manchester, die den obengenannten starken Verkehr mit vielen schweren Industrielasten hat, jetzt 10 Jahre und ist noch in vorzüglichem Zustande. Bei den englischen Verkehrsverhältnissen, wie sie z. B. der dritte Londoner Straßenkongreß 1913 der Straßeneinteilung zugrunde gelegt hat, entspricht die obige Angabe etwa einer Wagenzahl von 2500 am Tage, darunter 250 schwerste Fahrzeuge."

In London liegt z. B. die Gloucester-Road, die 1909 als eine der ersten Teermakadamstraßen Londons von der Firma Shepherd gebaut worden ist, noch heute nach 15 Jahren so gut, daß ihre Haltbarkeit auf viele weitere Jahre gesichert erscheint. Für Straßen mittleren und leichten

Abb. 6. Teermakadamdecke.

Verkehrs ist bei sachgemäßer Behandlung die Lebensdauer natürlich noch erheblich größer.

Da in den ersten Jahren bei der Herstellung und Verlegung des Teermakadams viele Fehler vorgekommen sind, so hat das Wegeamt (Road Board) wie für die Oberflächenteerung auch für die Teermakadambauweise schon im Jahre 1911 Richtlinien aufgestellt, die mit kleinen, bei der Neuausgabe im Jahre 1923 vom Verkehrsministerium getroffenen Abänderungen auch heute noch Gültigkeit haben. Die wichtigsten Bestimmungen dieser Richtlinien sind ebenfalls am Schlusse dieses Abschnittes über Teerdecken in möglichst getreuer Übersetzung beigefügt.

Die englischen Straßenbaufirmen haben im Laufe der Jahre im Teermakadamstraßenbau eine große Anzahl von Verfahren ausgebildet und unter besonderen Namen in den Verkehr gebracht. Die Einzelheiten davon geben sie im allgemeinen der Öffentlichkeit nicht bekannt.

Im großen und ganzen legen sie jedoch ihren Verfahren die vorhin erwähnten Bestimmungen des Ministeriums zugrunde. Erprobten Erzeugnissen wird unter Umständen sogar praktisch schon eine gewisse Ausnahmestellung gewährt, selbst wenn sie mit den amtlichen Bestimmungen nicht genau in Einklang zu bringen sind.

Nähere Angaben über die in England üblichen Teermakadambauweisen und die Firmen, die sie ausführen, finden sich in „The Highway Engeneer's Year-Book for 1924", edited by M. Gilbert Whyatt, M. Inst. C. E., zu beziehen durch Sir Isaak Pitman & Sons, Ltd., Parker-Street, Kingsway, W. C. 2, London.

Ebenso zahlreich und verschiedenartig wie die Herstellung und die Bauweisen sind, sind auch die Maschinen[1]), die zur Herstellung des Teermakadams benutzt werden. Meist liegen die Anlagen unmittelbar an den Gesteinsgewinnungsorten, wo Brecher und Sortierungseinrichtungen vorhanden sind. Das Trocknen des Kleinschlages erfolgt in großen drehbaren Trockentrommeln, aus denen während des Trocknens der Staub abgesogen wird. Die vollkommen trocknen Steine werden bei bestimmten Temperaturen mit erhitztem Teer in bestimmtem Mengenverhältnis in Mischmaschinen gemischt, die meist mit Schaufeln versehen sind. Die fertigen Mischungen werden sofort an die Baustellen gebracht oder auf Lager genommen. Die Lagerungszeiten lassen sich durch Veränderung der Zusammensetzung der Teere abkürzen.

Für den Einbau des geteerten Schotters bevorzugt man in England leichtere Walzen von 6—10 t. Die fertigen Decken erhalten bei stärkerem Verkehr alle Jahre eine Oberflächenteerung.

Die Kosten der Teermakadamstraßen richten sich nach der Stärke des Belages und der vom Unternehmer zu übernehmenden Gewähr. Sie betragen bei Decken für schweren Verkehr etwa 6—8 M. für das Quadratmeter. Man stellt zur Zeit in England durchschnittlich etwa 100 000 t Teermakadam in der Woche her.

c) *Genaue Ausführungsbestimmungen des englischen Wegeamtes über die Behandlung der Straßen mit Teer[2]).*

Nr. 1. *Allgemeine Vorschriften für Oberflächenteerung auf einer wassergebundenen Straße.*

1. Die Oberflächenteerung kann vorteilhaft angewendet werden entweder bei einer alten, in guter Beschaffenheit befindlichen Straßendecke oder bei einer neuen Decke, nachdem diese fest gewalzt und trocken gewor-

---

[1]) Auch über die Maschinen gibt das oben genannte Whyattsche Werk eingehende Aufschlüsse.

[2]) *Ministry of transport, Road department General directions and specifications relating to the Tar Treatment of roads.* Verlag: *H. M. Stationary office, London.*

den ist. Bevor die Straße nicht vollständig trocken ist, sollte jedoch die Teerung niemals ausgeführt werden.

Bevor mit dem Teeren begonnen wird, müssen, falls irgendwelche Senkungen, Vertiefungen, Unebenheiten, Wagenspuren oder andere Unregelmäßigkeiten, vorhanden sind, diese soweit irgend möglich beseitigt werden, damit für eine vollständig ebene Straßenoberfläche gesorgt ist.

2. Teersprengmaschinen fördern die Arbeit des Teerens besser als Handarbeit und sind deshalb zu empfehlen. Aber auch Handarbeit gibt zufriedenstellende Ergebnisse. Die Auswahl des Verfahrens, das anzuwenden ist, muß in der Hauptsache nach den zur Durchführung einer guten Arbeitsleistung verfügbaren Mitteln bestimmt werden.

3. Will man eine alte Decke teeren, so tut man dieses am besten in den ersten Monaten des Jahres. Als Vorbereitung für die nachfolgende Teerung und um die Straße von dem zusammengebackenen Schlamm zu reinigen, kratzt man die Straße bei nassem Wetter ab oder bürstet sie ab.

4. Ist die Straßendecke an den Seiten sehr dünn, in der Mitte aber von angemessener Stärke, so sind die Seitenstreifen vor dem Aufbringen der Oberflächenteerung entsprechend zu verstärken und abzuwalzen.

5. Bei Neueindeckung eines jeden Weges, dessen Oberfläche später geteert werden soll, muß Steinsplitt, nicht aber Feinmaterial, zur Bindung benutzt werden.

6. Während der Teerung der Straße muß diese für den Verkehr in halber Breite oder, wenn durchführbar, in der ganzen Breite abgesperrt werden.

7. Vor dem Aufbringen des Teeres ist die Straße gründlich abzubürsten und zu reinigen. Wenn zusammengebackener Schlamm vorhanden ist, soll man diesen durch nasses Bürsten entfernen und dann die Straße trocken nachbürsten. Jede Methode des Bürstens kann verwendet werden, die den Weg gründlich reinigt. Am besten ist, eine mit Pferden bespannte Kehrmaschine zu benutzen und darauf die Straße mit Handbesen zu behandeln.

8. Zur Oberflächenteerung muß ein Teer verwendet werden, der den Vorschriften des Wegeamtes für Teer Nr. 1 entspricht.

9. An passenden Stellen der Baustelle muß der Teer bis zum Kochen erhitzt werden. Er ist so heiß wie möglich zu verwenden, damit er leichtflüssig ist. Diese Erhitzung ist in einem Teerkocher vorzunehmen, der mit einer besonderen Einrichtung gegen Überkochen versehen ist, das unvermeidlich ist, wenn der Teer auch nur einen kleinen Prozentsatz Wasser enthält. (Die erforderliche Temperatur wird in der Praxis gewöhnlich zwischen 220 und 240° F (120—135° C) gehalten.)

10. Wenn der Teer von Hand aufgebracht werden soll, ist es ratsam, dazu armierte Schlauchrohre zu benutzen, um den Teer von dem Kocher nach der Verwendungsstelle zu schaffen, damit der Teer so heiß wie möglich aufgebracht werden kann. Wenn solche Rohre nicht zur Verfügung sind, ist es beim Aufbringen des Teeres mit der Hand zweckmäßig, beson-

ders konstruierte Kannen von 3 Gallons (13,5 Liter) zu verwenden, deren Ausgußrohre bis unmittelbar zum Boden reichen und deren Ausgußöffnung einen Mindestdurchmesser von $1^1/_2$ inches (4 cm) hat.

11. Unmittelbar nach dem Aufbringen muß der flüssige Teer so kräftig eingebürstet werden, als es nötig ist, um eine Schicht von regelmäßiger Stärke zu erzielen.

12. Die Menge des erforderlichen Teeres ist entsprechend der Beschaffenheit des Weges verschieden. Bei einer erstmaligen Behandlung eines Weges mit Teer wird im allgemeinen zur Bedeckung einer Fläche von 5—7 square yards 1 Gallons (auf 0,9—1,3 qm 1 Liter oder 0,8—1,1 Liter auf 1 qm) nötig sein.

13. Nachdem der Teer gründlich in das Innere der Makadamdecke gebürstet ist, werden sogleich Steinabfälle, zermahlener Kies, grober Sand oder andere bewährte staubfreie Materialien, die nicht größer sind, als daß sie durch ein Sieb mit $^3/_8$ zölligen (0,96 cm) Maschen hindurchgehen, auf der geteerten Decke ausgebreitet, um eine feste tragfähige Schicht zu bilden und das Anhängen des Teeres an den Wagenrändern zu verhindern.

14. Es müssen Vorsichtsmaßregeln getroffen werden, um zu verhindern, daß der flüssige Teer unmittelbar in die Entwässerungsschächte fließt.

15. Für die Sicherheit des öffentlichen Verkehrs müssen Vorsichtsmaßregeln getroffen werden durch Beleuchtung, Bewachung und Warnungszeichen. — Warnungstafeln müssen an passenden Stellen aufgestellt werden, auf denen in auffälliger Schrift folgendes steht:

„*Vorsicht*"
Straßenteerung in Ausführung begriffen! Radfahrer absteigen!

Besonders wünschenswert ist es, Warnungszeichen in der Nähe der Baustellen an den Punkten anzubringen, wo andere Straßen in die zu teerende Straße einmünden oder sich mit ihr kreuzen, um Autos und Radfahrer in den Stand zu setzen, die gesperrte Straße durch Benutzung einer Umgehungsstraße zu vermeiden.

16. *Bei Straßen mit schwerem Verkehr ist es ratsam, 2—3 Monate nach der erstmaligen Teerung eine zweite Teerlage aufzubringen, und zwar entweder über die ganze Straßenbreite oder nur über einen Streifen von 9—12 Fuß (2,7—3,7 m) auf der Mitte des Weges und unter Verwendung von 1 Gallons auf 8—10 square yards (1 Liter auf 1,5—1,9 qm).*

17. *Oberflächenteerung sollte auf allen wichtigen Straßen jährlich und auf Wegen mit leichterem Verkehr so oft, wie erforderlich, wiederholt werden. Bei derartigen Nachteerungen soll sich die Menge des dazu verwendeten Teeres nach dem Umfange, bis zu welchem die vorhergehende Teerung durch das Wetter und den Verkehr abgenutzt worden ist, richten.*

18. *Zwei oder mehrere Proben des gebrauchten Teeres sollten unter allen Umständen in Blechkannen von etwa 1 Quart (1 Liter) Inhalt auf-*

bewahrt und sorgfältig mit einer Bezeichnung versehen werden, aus der die Örtlichkeit oder die Wegestrecke zu ersehen ist, auf welcher der Teer zur Verwendung gelangte. Das Wegeamt wird mit dem staatlichen physikalischen Laboratorium eine Vereinbarung treffen, um Teerproben chemisch und physikalisch zu untersuchen, damit die so gesammelten Erfahrungen in späteren Fällen benutzt werden können. Die Straßenbaubeamten werden von Zeit zu Zeit ersucht, Proben für diesen Zweck einzusenden.

19. In allen Fällen sollten sorgfältige Nachweisungen geführt werden über die Beschaffenheit der Straßenoberfläche im Winter und Sommer, vor und nach der Teerung, die Menge und Beschaffenheit des gebrauchten Teeres auf das Quadratmeter der geteerten Straße, das Wetter während der Ausführung der Straße, die Zeit, welche für die wirkliche Arbeit gebraucht worden ist, die Wartezeit, während welcher die Arbeit wegen feuchter Witterung eingestellt worden war, die Anzahl der beschäftigten Arbeiter und alle Einzelheiten der Kosten, der Arbeitsleistung und des Materials.

20. Den Wegebaubeamten wird empfohlen, Proben des ihnen auf Grund von Verträgen gelieferten Teeres durch den Chemiker einer eingehenden Untersuchung unterziehen zu lassen und die Ergebnisse in die vorgeschriebene Tabelle einzutragen, für die ein Muster auf Seite 38 aufgeführt ist.

Bemerkung: Mit dem Erlaß dieser allgemeinen Anordnungen ist nicht beabsichtigt, den Gebrauch von Sondererzeugnissen zurückzuweisen oder diesen zu mißtrauen. Enthält der Teer mehr Wasser, Naphthalin oder Phenole, als in den Vorschriften des Wegeamtes für Teer Nr. 1 angegeben ist, so darf dieses Sondererzeugnis nicht genommen werden, während gleichzeitig der „Freie Kohlenstoff" nebst anderen Zusatzstoffen die angegebene Grenze für „Freien Kohlenstoff" nicht überschreiten darf.

Nr. 2. Allgemeine Vorschriften über Herstellung von Straßendecken mit Teermakadam.

1. Jeder Weg, der eine Decklage aus Teermakadam erhalten soll, muß einen besonderen Unterbau von ausreichender Stärke haben, um den darüber gehenden Verkehr aushalten zu können.

2. Bevor eine neue Decke aus Teermakadam aufgebracht wird, muß die Stärke der alten Decke einschließlich des Untergrundes durch Anlegen von Versuchsgräben, die sich vom Wegrand bis zur Mitte erstrecken, in Abständen von etwa 150 yards (137 m) festgestellt werden. Derartige Gräben sind abwechselnd auf den entgegengesetzten Seiten des Weges herzustellen.

3. Die Stärke der Teermakadamdecke muß entsprechend den Anforderungen des Verkehrs festgewalzt 2—3 inches (5—7,5 cm) betragen. Bei einer größeren Stärke als 3 inches (7,5 cm) soll das Material in 2 Schichten aufgebracht werden.

4. Ist der Untergrund von Natur fest und durch das Eindringen von Oberflächenwasser nicht wesentlich aufgeweicht, so darf die Gesamtstärke der Decke einschließlich des Unterbaues, wenn ein solcher vorhanden ist, nach dem Festwalzen der neuen Teermakadamdecke unter gewöhnlichen Umständen nicht weniger als 6 inches (15 cm) betragen, es sei denn, daß der Untergrund in sich selbst so fest ist, daß er als guter Unterbau dienen kann. In diesem Falle kann die Stärke der Decke bis auf 4 inches (10 cm) herabgehen. Für den Fall, daß der Untergrund aus Lehm oder anderem nachgiebigen Boden besteht, sollte die Gesamtstärke nicht weniger als 11 inches (28 cm) betragen.

5. Die fertige Oberfläche muß ein Quergefälle von etwa 1 : 32 aufweisen. Wenn die Decke in der Straßenkrone nicht stark genug ist, um dieses Quergefälle durch den Einbau einer neuen Schicht von der oben erwähnten Dicke zu ermöglichen, so ist die alte Oberfläche unberührt und unaufgelockert zu belassen und die Stärke der neuen Decke aus Teermakadam soweit als nötig zu vergrößern.

Ist aber die Decke von einer für diesen Zweck ausreichenden Stärke, so kann das Quergefälle unter Aufhacken der Oberfläche dadurch hergestellt werden, daß vor Aufbringen der neuen Schicht das in der Mitte gewonnene Material zur Verstärkung der Seiten verwendet wird. Das durch Aufhacken gelöste Material ist durchzusieben, alle Teile von geringerem Durchmesser als ½ inches (1,3 cm) sind zu beseitigen.

6. Die Masse der neuen Teermakadamdecke muß aus zerkleinerten Steinen oder aus ausgelesenen Schlacken von bewährter Beschaffenheit bestehen und enthalten:

60% von 2 inches (5 cm) Korngröße,
30% von 1½ inches (3,8 cm) Korngröße,
10% von ³/₄—½ inches (1,9—1,3 cm) Korngröße.

Steine der letzteren Größe müssen zum Ausfüllen der Zwischenräume während des Abwalzens verwendet werden.

Bei einer zweischichtigen Decke muß die untere Schicht aus Steinen von 2 inches (5 cm) Korngröße bestehen und die Deckschicht aus Steinen von 1½ inches (3,8 cm) Korngröße. Zum Ausfüllen der Zwischenräume beim Abwalzen würden 10% Steine in Korngröße von ³/₄ bis ½ inches (1,9 bis 1,3 cm) notwendig sein.

7. Das verwendete Steinmaterial muß vollkommen getrocknet werden, ehe es mit Teer überzogen wird.

Zur Teermakadamherstellung muß ein Teer verwendet werden, der den Vorschriften des Wegeamtes für Teer Nr. 2 entspricht. Der Teer muß in einem Erhitzer oder Kocher erhitzt werden, der mit einer besonderen Einrichtung gegen das Überkochen versehen ist, das unvermeidlich ist, wenn der Teer auch nur einen kleinen Prozentsatz Wasser enthält. Die erforderliche Temperatur soll im großen und ganzen der Temperatur entsprechen, welche dem Gestein, das mit Teer behandelt wird, angepaßt ist, sowie der Art der Behandlung und Verwendung. Die gewünschte Temperatur wird in der

Praxis gewöhnlich zwischen 260—280° F oder 124—130° C im Erhitzer oder Kocher gehalten.

9. Die Menge des zur Teerung von 1 t Steine verwendeten Teeres soll annähernd 9—12 Gallonen (41—54 Liter) betragen, je nach den Abmessungen des Gesteinsmaterials, der Beschaffenheit des verwendeten Teeres, der Mischmethode und den sonstigen Bedingungen.

10. Nachdem der Teermakadam ausgebreitet und abgeglichen worden ist, muß er zu einer ebenen Oberfläche eingewalzt werden, jedoch ist zu vieles Walzen zu vermeiden.

Es ist weniger Walzen erforderlich, als bei der Herstellung von wassergebundenem Makadam. In den meisten Gebrauchsfällen ist eine Zehntonnenwalze das passendste Gewicht für die Walze; es können aber auch gute Ergebnisse erzielt werden, wenn zunächst eine Achttonnenwalze verwendet und die Walzarbeit mit einer Zehntonnenwalze beendet wird.

11. Um bei der Verwendung des Teermakadams die besten Ergebnisse zu erzielen, ist es ratsam, auf die Oberfläche noch eine Teerschicht aufzubringen, nachdem der Weg einige Wochen durch den Verkehr benutzt worden ist. Nicht weniger als 1 Gallone Teer ist erforderlich für je 6 Quadratyards Straßenoberfläche (4,5 Liter auf 5 qm = 0,9 Liter/qm). Dieser Teer muß den Vorschriften des Wegeamtes für Teer Nr. 2 entsprechen und wird auf die Oberfläche bei einer Temperatur von etwa 270° F (150° C) ausgegossen.

12. Zum Absanden sind Steinabfälle, gebrochener Kies, grober Sand oder andere staubfreie bewährte Materialien zu verwenden, die nicht größer sind, als daß sie durch ein Sieb von $1/4$ Quadratinch (1,6 qcm) Maschenweite hindurchgehen.

13. Den Wegebaubeamten wird empfohlen, Proben des ihnen auf Grund von Verträgen gelieferten Teeres durch einen Chemiker einer eingehenden Untersuchung unterziehen zu lassen und die Ergebnisse in die vorgeschriebenen Tabellen einzutragen. Ein Beispiel dafür ist auf Seite 38 zu finden.

Bemerkung: Mit dem Erlaß dieser allgemeinen Anordnungen ist nicht beabsichtigt, den Gebrauch von Sondererzeugnissen zurückzuweisen oder diesen zu mißtrauen. Enthält der Teer mehr Wasser, Naphthalin oder Phenole, als in den Vorschriften des Wegeamtes für Teer Nr. 2 angegeben ist, so darf dieses Sondererzeugnis nicht genommen werden, während gleichzeitig der „Freie Kohlenstoff" nebst anderen Zusatzstoffen die angegebene Grenze für „Freien Kohlenstoff" nicht überschreiten darf.

Nr. 3a u. 3b. Bedingungen für Teer Nr. 1 und Nr. 2.

Allgemeines.

1. Der Teer soll in Blasen oder Destillationsanlagen aus demjenigen Teer gewonnen werden, der von der Vergasung der Kohle oder von der Verwendung der Kohle in der Kokerei herrührt. Er darf nicht mehr als

15% desjenigen Teeres enthalten, der bei der Herstellung von karburiertem Wassergas gewonnen wird.

2. Der Teer, der nach den im Abschnitt A angegebenen Methoden geprüft wird, soll den Anforderungen entsprechen, die unter der jeweiligen Überschrift, nämlich 3(a) für Teer Nr. 1 und 3(b) für Teer Nr. 2 aufgeführt worden sind.

3. Teer für die Oberflächenteerung von Straßen soll den Anforderungen entsprechen, welche unter 3(a) für Teer Nr. 1 angegeben worden sind. Teer für die Herstellung von Teermakadam soll den Anforderungen unter 3(b) für den Teer Nr. 2 entsprechen. Dagegen sollen Teere, deren Konsistenz zwischen 15 und 25 Sekunden liegt, für keinen der beiden Zwecke Verwendung finden, wenn es nicht ausdrücklich durch den Baubeamten gestattet ist, der für die Arbeitsausführung unter Berücksichtigung der Vertragsbestimmungen für den Teer verantwortlich ist (Teere, deren Konsistenz zwischen 15 und 25 Sekunden liegt, können, um ein gutes Ergebnis zu gewährleisten, nur unter besonderen Bedingungen und Erfahrungen für obige Zwecke gebraucht werden). Diese Baubeamten können auch nach ihrem Gutdünken anordnen, daß der Teer nicht weniger als 10% „Freien Kohlenstoff" enthält. Aber diese Begrenzung schließt einige Teere schottischen Ursprungs und Teere, die aus gewissen anderweitigen Verkokungsanlagen herstammen, von der Verwendung aus, wenn auch die mit ihrer Verwendung vertrauten Fachleute zufriedenstellende Ergebnisse mit ihnen erzielt haben.

4. *Analysenbericht.* Die Untersuchungsberichte über die einzelnen Teersorten sollen durch den Chemiker in Listen eingetragen werden, von denen ein Muster im Abschnitt B aufgeführt ist.

Vorschriftenaufstellung.

Bedingungen, die bei der Untersuchung zu erfüllen sind	Sorte Nr. 1	
	3(a) Teer Nr. 1	3(b) Teer Nr. 2
Spez. Gewicht bei 15° C nicht höher als	1,225	1,240
Wasser oder Ammoniak nicht mehr als	1,0 Gew.-%	1,0 Gew.-%
Anderes Destillat (Leichtöle) unter 170° C nicht mehr als	1,0 Gew.-%	
Destillate zwischen 170 und 270° C (Mittelöle) innerhalb	12,0—24,0 Gew.-%	10,0—18,0 Gew.-%
Destillate zwischen 270 und 300°C (Schweröle) innerhalb	4,0—12,0 Gew.-%	6,0—12,0 Gew.-%
Phenole oder Rohteersäuren nicht mehr als	5,0 Vol.-%	4,0 Vol.-%
Naphthalin nicht mehr als	8,0 Gew.-%	5,0 Gew.-%
„Freier Kohlenstoff" nicht mehr als . .	22,0 Gew.-%	24,0 Gew.-%
Konsistenz oder Viskosität zwischen . . .	3,0—20,0 Sek.	20,0—100,0 Sek.

Abschnitt „A".
Prüfungsverfahren.

1. Die Prüfungsverfahren, nach denen der Teer auf seine Eignung gemäß den Anordnungen des Wegebauamtes untersucht wird, sind unten angeführt, soweit sie von dem gewöhnlichen Untersuchungsverfahren abweichen oder genauere Angaben verlangen.

Spezifisches Gewicht.

2. Das spezifische Gewicht des Teeres bei 15°C kann vom Chemiker nach einem der gebräuchlichen Verfahren bestimmt werden. Jedoch werden zu Vergleichszwecken oder zur Feststellung der gleichen Beschaffenheit der einzelnen Teerlieferungen hinreichend genaue Ergebnisse sehr schnell mit Hutchinsons Nickel-Silber-Areometer oder mit der „Teerspindel" erzielt, unter Anwendung des Temperaturreglers.

Destillation.

3. Ein Fraktionierkolben von 1 Liter Inhalt und ohne einen besonderen Fraktionsaufsatz wird zur Hälfte bis zu $2/3$ mit einer abgewogenen Menge des zu destillierenden Teeres gefüllt. Der Kolben ist mit einem geeichten Thermometer von 80 bis 330°C. ausgestattet. Das obere Ende der Thermometerkugel reicht bis an den unteren Rand der Öffnung des seitlichen Ansatzrohres. Die Fraktionen bis 200°C werden durch einen Wasserkühler kondensiert; oberhalb dieser Temperatur muß der Kühlmantel über der Kondensationsröhre beseitigt werden.

4. Die Fraktion unter 170°C wird in einem abgewogenen Meßzylinder aufgefangen und gewogen. Das Volumen des Wassers und des Ammoniaks soll in dem Zylinder bis zum nächsten halben ccm-Strich abgelesen werden. Nimmt man das Gewicht von 1 ccm Wasser oder 1 ccm Flüssigkeit zu 1 g an, so kann man sich die Gewichtsprozente des Wassers, des Ammoniaks und der Leichtöle errechnen. (Beim Teer Nr. 2 ist es nicht nötig, die Prozentgehalte des Wassers und der anderen Fraktionen getrennt anzugeben.)

5. Die Fraktion zwischen 170—270°C (Mittelöle) wird in einem abgewogenen Gefäß gesammelt und gewogen und dann ihr Gewichtsprozentgehalt errechnet. Diese Fraktion bewahrt man für die Bestimmung von Phenolen und Naphthalin auf.

6. Die Fraktion zwischen 270 und 300°C (Schweröle) wird in einem abgewogenen Gefäß gesammelt und gewogen, und dann ihr Gewichtsprozentgehalt errechnet.

7. Eine wesentliche Kontrolle über das Destillationsergebnis erhält man durch Abwägen der im Kolben zurückgebliebenen Pechmasse. Das Gesamtgewicht aller Destillate einschl. des Pechrückstandes soll für gewöhnlich nicht weniger als 99% der für die Destillation genommenen Teermenge betragen.

Phenole.

8. Die Phenole oder Rohteersäuren werden dadurch bestimmt, daß man die ganze Fraktion zwischen 170 und 270° C (Mittelöle) auf eine Temperatur von 40—50° C bringt. Dann fügt man 20 proz. Sodalösung, die ein spezifisches Gewicht von 1,20 hat, hinzu und schüttelt das Gemisch unter Einhaltung der Temperatur von 40—50° C alle 5 Minuten tüchtig durch. Nach 15 Minuten wird das Gemisch in einen Scheidetrichter gegossen. Nachdem sich die Sodalösung abgeschieden hat, läßt man die Lösung in einen Meßzylinder ablaufen. Mit derselben Menge frischer Sodalösung ist ein gleicher Auszug zu wiederholen. Man trennt die Schichten wieder und läßt die untere in den Meßzylinder laufen, der den ersten Auszug enthält. Der Inhalt des Meßzylinders wird dann durch allmählichen Zusatz von Salzsäure leicht angesäuert. Das Volumen der dabei frei werdenden Phenole oder Rohteersäuren wird abgelesen und ihr Prozentgehalt aus dem Volumen des für diese Destillation gebrauchten Teeres errechnet.

Naphthalin.

9. Zur Bestimmung des Naphthalins wird die Fraktion zwischen 170 und 270° C (Mittelöle) nach der Abscheidung der Phenole gewogen, genügend erwärmt, um das ganze darin enthaltene Naphthalin aufzulösen, gut geschüttelt und ein Teil (nicht weniger als 20 g) davon genommen. Diesen Teil läßt man auf 15° C abkühlen und hält ihn dann ½ Stunde lang auf dieser Temperatur. Das abgeschiedene Naphthalin wird dann mittels der Saugpumpe abfiltriert und zwischen Filtrierpapier so lange abgepreßt, bis alles Öl davon aufgenommen ist. Das Naphthalin wird dann abgewogen und sein Prozentgehalt aus dem Gewicht der Teermenge errechnet.

„Freier Kohlenstoff."

10. Ein im 90 proz. Handelsbenzol unlöslicher Stoff des Teeres ist der „Freie Kohlenstoff", vorausgesetzt, daß nicht mehr als 10 % dieser unlöslichen Substanz auf einem Sieb mit 80 Maschen pro linear inch (32 Maschen auf 1 cm Sieblänge) zurückbleiben.

11. Die Bestimmung von „Freiem Kohlenstoff" kann meistens nach einem der drei unten aufgeführten Verfahren vorgenommen werden. Geht aber das nach einem der beiden letzten Verfahren erhaltene Ergebnis über die vorgeschriebene Grenze hinaus, so soll die Bestimmung ausschließlich nach dem ersten Verfahren durchgeführt werden. Dieses Ergebnis gilt dann als endgültig und richtig. Die drei Verfahren sollten, wenn sie sorgfältig durchgeführt werden, gleiche Werte ergeben. Eines von den beiden ersten Verfahren wird gewöhnlich im Betriebslaboratorium bevorzugt. Hingegen ist das dritte Verfahren besonders für diejenigen Laboratorien geeignet, die mit der großen Feuergefahr rechnen müssen, wie sie die Anwendung verhältnismäßig großer Mengen Benzol mit sich bringt. Nach welchem Ver-

fahren man auch arbeiten will, immer ist es nötig, den zu untersuchenden Teer tüchtig durcheinander zu mischen, bevor man die für die Kohlenstoffbestimmung erforderliche Teermenge entnimmt.

a) 1. Verfahren: 2 g Teer werden mit kaltem Benzol gemischt. Nachdem der „Freie Kohlenstoff" sich abgeschieden hat, wird das Benzol vorsichtig über Filtrierpapier abdekantiert. Der „Freie Kohlenstoff" wird mit Benzol durch mehrmaliges Abdekantieren gewaschen; dann wird er auf das Filter gebracht und mit 500 ccm heißem Benzol ausgewaschen. Die gesamte Menge des für die Extraktion des „Freien Kohlenstoffs" benutzten Benzols soll 1 Liter betragen. Das Filtrierpapier mit dem darauf befindlichen Niederschlag wird getrocknet und dann der „Freie Kohlenstoff" abgewogen.

b) 2. Verfahren: 2 g Teer werden in einem kleinen Gefäß mit 25 ccm Benzol gemischt. Die Mischung wird unter ständigem Umrühren zum Sieden gebracht. Nach dem Kochen wird die Mischung durch einen Goochschen Trichter, der in der gebräuchlichen Weise vorbereitet worden ist, filtriert. Das Gefäß wird wiederholt mit heißem Benzol ausgewaschen, bis alles auf den Trichter gebracht ist. Dann läßt man allmählich kaltes Benzol aus einem Tropftrichter in den Gooch'schen Trichter fließen, bis die zum Auszug benutzte Menge Benzol im ganzen 1 Liter beträgt. Der „Freie Kohlenstoff" wird getrocknet und abgewogen.

c) 3. Verfahren: 9—11 g Teer werden in einem kleinen Gefäß mit Benzol gemischt. Die Mischung wird dann durch wiederholtes Auswaschen des Gefäßes mit Benzol in eine Extraktionshülse gebracht. Diese wird vorher getrocknet und ihr Gewicht mit einer vorher mit Benzol gewaschenen, trockenen Hülse verglichen. Der Inhalt der Hülse wird dann in einem Soxhlet- oder einem ähnlichen Apparat (in welchem die Hülse nicht ganz in das Benzol hineinreichen darf) vollkommen mit Benzol extrahiert. Die Hülse wird dann getrocknet und ihr Gewicht mit dem der anderen, trocknen Hülse verglichen. Der Unterschied ist das Gewicht des „Freien Kohlenstoffs". Es sind nicht mehr als 200 ccm Benzol erforderlich.

Konsistenz.

12. Die Konsistenz oder Viskosität wird durch die Zeit bestimmt (in Sekunden abgemessen), die der Hutchinson-Teerprüfer oder Viskositätsmesser vom Gewicht Nr. 2 angibt. Sobald er in den Teer hineingelassen wird, sinkt er vom untersten bis zum obersten Teilstrich ein. Der Teer muß eine einheitliche Temperatur von 25° C haben und sich in einem Gefäß befinden mit einem inneren Durchmesser von 95—102 mm ($3^3/_4$—4 inch.).

Probeentnahme.

13. Eine Teerprobe für analytische Zwecke sollte mindestens $1/_2$ Gallon = 2,27 Liter betragen. (Wenn sie direkt aus Fässern entnommen wird, so muß es eine Sammelprobe aus mindestens 6 Fässern sein.) Kannen oder *andere Gefäße, worin die Probe abgefüllt wird, müssen sowohl vorher gereinigt als auch innen getrocknet sein.*

Abschnitt „B".

Muster einer Tabelle, in die die Teeranalysen eingetragen werden.

Formular Nr. 152 (Straßen)
Bezirk: ....
Bericht Nr. ....

Verkehrsministerium.
(Straßenbauabteilung).
Einzelheiten über Teer nach den Bestimmungen der Straßenbauabteilung für die Benutzung des Teeres als Guß- oder Deckmaterial.
Dazu die Gebrauchsanweisungen.

1. *Herkunft des Teeres (Gasanstalt, Kokerei, Hochofenwerk oder Teerdestillationsanlage):* ....
2. *Temperatur, bei der die Destillationsanlage arbeitet:* ....
3. *Verwendungszweck des Teeres (Guß-, Misch- oder Oberflächenteerungsverfahren):* ....

Einzelheiten der Analyse in Übereinstimmung mit dem Abschnitt „A" der Vorschrift.

4. *Spez. Gewicht bei 15° C:* ....
5. *Wasser oder Ammoniak:* .... Gewichts-Proz.: ....
6. *Andere Fraktionen unter 170° C:* ...... „ ....
7. *Fraktion zwischen 170 u. 270° C:* ...... „ ....
8. *Fraktion zwischen 270 u. 300° C:* ...... „ ....
9. *Phenole oder Rohteersäuren:* .... Vol.-Proz.: ....
10. *Naphthalin:* .... Gewichts-Proz.: ....
11. *„Freier Kohlenstoff":* .... „ ....
12. *Konsistenz oder Viskosität (Hutchinson) bei 25° C:* .... Sekunden: ....

5. Beton- und Eisenbeton.

Straßendecken aus Beton und Eisenbeton sind in England noch nicht aus der Zeit der Versuche heraus, das läßt auch der verhältnismäßig kleine Umfang deutlich erkennen, in dem diese Bauarten an Straßendecken bisher zur Anwendung gekommen sind.

Von den großen Außenstraßen, die besichtigt wurden, hatten Betondecken die Great-West-Road auf rd. 1,25 km mit 9,0 m Fahrbahnbreite und die Woodford-Ilford-Street auf einem noch kürzeren Stück mit gleichfalls 9 m Fahrbahnbreite. In der inneren Stadt, wo besonders der gemischte Verkehr in Frage kommt, hat der Bezirk

Southwark seit einigen Jahren mit Erfolg den Betonstraßenbau eingeführt und insgesamt 16 km dieser Bauart in 6,5 m Fahrbahnbreite hergestellt. Hierüber werden im folgenden noch eingehende Ausführungen gemacht werden.

Zum Unterbau von Straßen ist der Beton, wie auch in Deutschland, schon seit Jahren in großem Umfange verwendet worden. Von den neuen Außenstraßen hatte die 9 m breite Fahrbahn der mit Asphalt- und Teermakadam gedeckten Purfleet-Tilbury-Road auf 9,6 km Länge Betonunterbau in 20 cm Stärke mit Eiseneinlage. Man hat diesen hier gewählt, weil er sich bei den während der Bauzeit sehr niedrigen Zementpreisen billiger stellte, als der bei solchen Decken sonst übliche Packlageunterbau.

Die Verkehrsstärke auf den neuerdings mit Betondecken versehenen Straßen wechselt zwischen 30 und 90 t je Meter Straßenbreite und Tag (leichter Verkehr) und 220 t je Meter Straßenbreite und Tag (schwerer Verkehr). Vorwiegend dienen die Straßen mit Betondecke dem Autoverkehr, im Stadtbezirk Southwark allerdings mit unverkennbarem Erfolg auch, wie schon bemerkt, dem gemischten Verkehr.

Die Betondecken werden, wenn der Untergrund tragfähig genug ist, z. B. beim Umbau alter Straßen, unmittelbar auf diese aufgebracht, bei weniger gutem Untergrund baut man zur Sicherheit einen leichten Unterbau ein, z. B. bei den oben genannten Außenstraßen einen solchen aus Müllasche in 15 cm Stärke. Bemerkenswert ist eine Anweisung aus dem von The Concrete Utilities Bureau, London S. W. 1, Grosvenor-Road 143, herausgegebenen, am Schlusse dieser Ausführungen in ihren wichtigsten Bestimmungen wiedergegebenen Vorschriften für den Bau von Betonstraßen, nach der der Untergrund, wenn er trocken ist und dem Beton beim Abbinden und Erhärten Wasser entziehen kann, vor Einbringen des Betons gehörig angenäßt werden soll.

Die Betondecken werden in der Regel aus zwei Schichten, vereinzelt auch aus einer einzigen Schicht hergestellt. In der letzten Art war die Woodfort-Ilford-Street in 22,5 cm Stärke hergestellt. Dagegen hatte die Great-West-Road eine 12,5 cm starke Unterschicht mit Mischung 1 : 2 : 4 und eine 7,5 cm starke Oberschicht mit Mischung 1 : $1^1/_2$: 3. In die Betonschichten waren Eiseneinlagen in Form von zwei Drahtnetzen in 15 cm Entfernung voneinander eingebaut, deren Kreuzungspunkte geflochten, nicht gebunden waren. Auffallend schwach waren dagegen die Betondecken der Straßen in Southwark, die nur eine Unterschicht von 11 cm Stärke in Mischung 1 : 6 und eine Oberschicht von 4 cm Stärke in Mischung 1 : 1 : 2 hatten. Die Betonstärken konnten hier so gering gewählt werden, weil die Decken, wie schon oben bemerkt, auf alten, festgefahrenen Unterbau aufgebracht wurden. Die Eisenbewehrung besteht bei ihnen aus nur einem 3 cm über Betonunterfläche verlegten Rundeisennetz, an dem die Längseisen mit den Quereisen verflochten oder verschweißt sind.

Die Eisennetze („fabric" genannt), werden in sehr verschiedenen Formen und Stücken hergestellt und kommen in Rollen auf den Markt und auf die Baustellen. Die Gewichte wechseln zwischen 4 und 25 lbs/yard² = 2,2 und 13,5 kg/qm. Die Stärke und die Zahl der Netze wird je nach den Verhältnissen des Untergrundes und des Verkehrs gewählt. Unter günstigen Verhältnissen wird ein einziges Netz in dem unteren Teile der Decke für ausreichend erachtet. Bei stärkerer Beanspruchung wird ein zweites 3—5 cm unter der Oberfläche verlegt. Bei sehr schwierigen Verhältnissen haben Spezialfirmen wohl dieses obere Netz mit dem unteren noch räumlich verflochten.

Abb. 7. Betondecke (Southwark).

Die Oberfläche der Betonstraßen wurde bis vor kurzem allgemein mit einer Oberflächenteerung versehen, die von Zeit zu Zeit erneuert wurde. Ein abweichendes Verfahren, das diese Teerung entbehrlich macht, ist das seit zwei Jahren in Southwark eingeführte Verfahren der Tränkung der Straßenoberfläche mit Wasserglas (Natriumsilikat). Das Verfahren wird wie folgt gehandhabt: Der Beton wird sofort nach Fertigstellung mit einer Sandschicht abgedeckt, die 3 Wochen lang liegen bleibt und in den ersten 10 Tagen gut feucht gehalten wird. Nach 3 Wochen Ruhezeit wird die Schutzschicht entfernt und die Straße abgewaschen. Dann wird die Oberfläche dreimal satt mit Wasserglaslösung (1 Wasserglas : 3 Wasser) gestrichen; ein Anstrich folgt dem vorhergehenden erst, wenn dieser durchaus trocken geworden ist. Dreimaliger Anstrich mit dünner Wasserglaslösung hat sich besser bewährt als einmaliger mit dreimal so starker Lösung. Das Verfahren ist sehr billig, die Gesamtkosten der 3 Anstriche belaufen sich auf 8 Pfg./qm. Bislang hat sich diese Bauweise sehr gut bewährt. Die Oberfläche der nach ihr hergestellten Straßen lag bei recht ansehnlichem gemischten Verkehr (bis zu 20000 Fuhrwerke aller Art in der Woche) tadellos und war völlig frei von Rissen. Die Oberfläche, in die kein rundes, sondern gebrochenes, also scharfkantiges Gestein eingebaut wurde, ist etwas, aber nur wenig rauh und ausgezeichnet zum Fahren ohne Gleiten. Die Pferde gehen sehr sicher ohne die geringste Schwierigkeit.

Charakteristisch für die Betonstraßen sind die Dehnungsfugen, die bis vor kurzem allgemein in der Längs- und Querrichtung angelegt wurden. Die Great-West-Road hat solche Querfugen alle 30—35 m, jedesmal an den Stellen, wo die Tagesarbeit jeweils aufhörte. Die Fugen sind mit Goudron ausgefüllt. Die Woodford-Ilford-Street hatte Längs- und Querfugen, die mit Asphalt vergossen waren. Auch in Southwark hat man lange mit Fugen gearbeitet. Man ordnete sie möglichst fein in den Stellen der täglichen abendlichen Arbeitsunterbrechung an und schützte sie an der Oberfläche mit einer dünnen Teerschicht. Aber die Fugen haben sich geöffnet. Außerdem sind Längsrisse entstanden und an den Fugen und Rissen setzte schon die Zerstörung der Oberfläche ein. Später machte man diese Tagesfugen absichtlich etwas breiter und füllte sie mit Asphaltplatten zwischen dünnen Asbestgeweben aus, die etwas über die Straßenfläche herausragten, so daß der Verkehr sie innig in die Fuge hineinarbeitete. Seit man die Wasserglasbehandlung der Oberfläche eingeführt hat, macht man in Southwark überhaupt keine Arbeitsfugen mehr.

Interessant ist, daß man in Southwark wegen des hohen Beschaffungspreises für das Gestein und wegen der hohen Kosten der Abfuhr des Aufbruchmaterials der alten, durch Betondecken zu ersetzenden Chaussierung dieses Aufbruchmaterial für den Neubau der Betondecke wieder verwendet, nachdem man es in einer eigens dafür gebauten Maschine gewaschen und gesiebt hat. Die Maschine besteht aus einer schiefliegenden Rohrwalze. Das Aufbruchmaterial wird von unten her durch Schnecken einem von oben her eingeleiteten Wasserstrom entgegenbefördert. Am unteren Ende der Walze laufen Wasser und Schmutzstoffe ab, am oberen wird das gereinigte Material gesiebt und entnommen. Es werden gewonnen:

50 % Gestein in der Korngröße 1,2—3,7 cm,
15 ,,   ,,   ,,   ,,   ,,   0,3—1,2 ,,
30 ,, feiner Sand.

Während das gewonnene Steinmaterial ohne weiteres zur Betonierung Verwendung findet, wird der Sand nicht für gut genug zur Betonbereitung erachtet und nur für die Abdeckung der fertigen Decke benutzt.

Die für Stadtstraßen sehr wichtige Reinigung der Straßen macht bei Betonstraßendecken keine Schwierigkeit. Ist die Straße naß, so wird sie in bekannter Art von Maschinen mit Besenwalzen abgekehrt. Ist sie trocken, so wird eine besondere Motorreinigungsmaschine mit Gummischrubber benutzt. Die Maschine trägt in ihrem vorderen Teil eine Druckpumpe, die vor dem auf der Straßendecke schleifenden Gummischrubber einen kräftigen Wasserstrahl auf die Straße spritzt.

Ausbesserungen der Betonstraßendecken machen nach den Angaben in Southwark keine Schwierigkeiten. Schadhafte Stellen, die übrigens selten sind, werden ausgestemmt und dann neu ausbetoniert. Die ausgebesserte Stelle wird durch Absperrung drei Tage lang dem Verkehr entzogen. Dann erhält sie ein Sandpolster, das der Verkehr allmählich verschwinden läßt. Ähnlich wird bei Aufbrüchen verfahren, die man allerdings nach Möglichkeit vermeidet. Deshalb verlegt man bei neuen Straßen die Leitungen außerhalb der Betondecke, bei alten Straßen werden die Leitungen vor Aufbringung der neuen Decke sorgfältig instand gesetzt. Für die Ausbesserung der Betondecken wird die Verwendung schnell erhärtender hochwertiger Zemente von besonderer Bedeutung sein.

Die Baukosten der Betonstraßen wurden angegeben:

Für die 30 m breite Great-West-Road mit 9 m breiter Fahrbahn einschließlich Grunderwerb auf 30000 $ für die englische Meile = 175000 M./km gegenüber 186000 $ für die englische Meile oder 2325000 M./km einer ähnlichen Straße, die aus 22,5 cm starker Betonunterbettung mit 5 cm starkem Stampfasphalt bestand.

Für die Stadtstraßen in Southwark auf 10,5 sh/yard^2 = rd.13 M./qm, ohne Ausschachtung.

Über die Lebensdauer der Betondecken läßt sich ein Urteil noch nicht abgeben. Der gesamte Betondeckenbau ist noch zu jung und vornehmlich als Versuch anzusehen. Das beweist unter anderen auch der Umstand, daß man auf der Great-West-Road die Fahrbahnfläche der Betondecke 17,5 cm unter die Oberkante der Straßenbordsteine gelegt hat. Man will dann, wenn die Betondecke sich etwa nicht bewähren sollte — man hat in dieser Beziehung einige Besorgnis wegen der Sprünge der Räder der schnell fahrenden Kraftwagen — auf die Betondecke noch eine Asphaltdecke ohne Änderung der Höhenverhältnisse aufbringen können. Besonders viel verspricht man sich von der neuen, im Stadtbezirk Southwark angewandten Bauweise. Bewährt sich diese, hat sie insbesondere eine längere Lebensdauer — und soweit man aus den 2 Jahre alten Ausführungen jetzt schon Schlüsse ziehen kann, sind die Aussichten dafür nicht schlecht — so beabsichtigt man, sie an Stelle der bisher in der City allgemein üblichen, im Durchschnitt nur 5 Jahre lang haltenden Holzpflasterdecke einzuführen.

5a) *Auszug aus den „Vorschriften für den Bau von Betonstraßen" des Concrete Utilities Bureau in London, Grosvenor Road 143.*

Zement. Er soll den englischen Zementnormen entsprechen. Abbindebeginn nicht kürzer als 1 Stunde bei 16° C. Der Zement muß trocken aufbewahrt werden. Zement, der durch Feuchtigkeit gelitten hat, darf nicht verwendet werden.

Zuschlagsstoffe. Für Straßen aus zwei Betonschichten:

Untere Schicht: Reiner Kies, gebrochener Feuerstein, Basalt von 25 mm bis 3 mm Korngröße. Größte zulässige Korngröße 37 mm. Nichts von dem groben Material darf durch ein 3-mm-Sieb fallen. Die Abstufung der Korngrößen soll folgende sein: 25—12 mm 60 Gewichtsprozent, 12—3 mm 40 Gewichtsprozent. Alle Korngrößen müssen gleichmäßig vorhanden sein.

Obere Schicht: Reiner gebrochener Splitt, Granitsplitt aus Leicester oder Guernsey oder Basaltsplitt von 15—3 mm Korngröße. Das Material soll möglichst würfelförmig sein.

Hohlräume im Betongemenge. Von Zeit zu Zeit sollen die Hohlräume in dem Steingemisch durch Versuche festgestellt werden. Zu dem Steinmaterial soll genügend Sand, etwa 10 % zugegeben werden, um die Hohlräume auszufüllen.

Zementgehalt. Er soll ungefähr betragen:

Für die untere Schicht: 1 Teil Zement auf 4 Teile Steine auf 2 Teile Sand.

Für die obere Schicht: 1 Teil Zement auf 3 Teile Steine auf 1½ Teile Sand.

Wird nur eine Betonschicht verwendet, so sind die hier für die untere Schicht gegebenen Zahlen anzuwenden.

Für die Größe des Sandzusatzes sind unabhängig von diesen Zahlenangaben die Dichtigkeitsversuche maßgebend.

Sand. Der Sand soll durch ein 3-mm-Sieb fallen, aber nicht mehr als 10 Gewichtsprozent durch ein Sieb von 20 Maschen auf 1 cm Länge. Der Sand muß rein sein.

Wasser. Das Wasser muß rein sein und frei von Öl, Säuren, Alkalien, organischen Stoffen oder anderen schädlichen Bestandteilen.

Eisenbewehrung. Das Eisen soll frei sein von Öl, Farbe, starkem Rost oder von Überzügen anderer Art, welche geeignet sind, die Verbindung mit dem Beton zu zerstören.

Bemessung der Baustoffe. Alle Baustoffe sollen genau nach Raumteilen bemessen werden. Wenn der Zement in Säcken angeliefert wird, von denen 11 Stück 1 Tonne wiegen, so kann der Inhalt eines Sackes mit 0,065 cbm angenommen werden. — Feine und grobe Zuschlagsstoffe sollen lose gemessen werden. Der Unternehmer soll mit einem Maß von 0,3 cbm Inhalt die Schubkarren oder sonstigen Behälter ausmessen, wenn es der Aufsichtsbeamte verlangt, und diese können dann als Meßgefäße benutzt werden.

Konsistenz des Betongemenges. Der Beton soll beim Mischen soviel Wasser erhalten, daß sich das gemischte Material flach ausbreitet, jedoch nicht soviel, daß es fließt. In der unteren Schicht soll der Wasserzusatz so sein, daß nach dem Stampfen eine dünne Flüssigkeitsschicht auf der Oberfläche erscheint. Der Beton der oberen Schicht soll soviel Wasser enthalten, daß nach dem Stampfen eine dünne Schicht von feinem Material an der Oberfläche sich befindet. Diese Schicht soll etwas nasser sein als die untere.

Mischen des Betons. Wird von Hand gemischt, so sollen Zement und Sand zuerst trocken gemischt und dann die Steine zugegeben werden. Das Ganze wird dann zum zweitenmal durchgemischt. Die Mischung muß auf einer die Flüssigkeit nicht absaugenden oder durchlassenden Bühne geschehen. Andernfalls soll der Beton in einer bewährten Mischmaschine gemischt werden. Die Mischung soll mindestens eine Minute fortgesetzt werden, nachdem das Wasser zugegeben ist. Die Trommel soll wenigstens 12 und nicht mehr als 18 Umdrehungen in der Minute machen. Die Mischung darf die Trommel erst verlassen, wenn alles gut gemischt ist. Die Trommel muß vollkommen entleert werden, bevor das Material für die nächste Mischung eingefüllt wird. Ehe die Mischung für die Oberschicht hergestellt wird, muß die Trommel gut rein ausgewaschen werden.

Einbau der Baustoffe. Der Beton soll auf den Untergrund nicht aufgebracht werden, bevor dieser auf seine Beschaffenheit genau geprüft worden ist. Auch muß vor dem Einbringen des Betons die Lage der Eisen kontrolliert werden.

Der Beton soll so bald wie möglich nach der Herstellung eingebracht werden. Die obere Schicht soll auf die untere innerhalb einer halben Stunde nach deren Fertigstellung aufgebracht werden. Besondere Sorgfalt ist darauf zu verwenden, daß der Beton gleichmäßig gemischt und so eingebracht wird, daß die Lage der Eisenbewehrung erhalten bleibt. Der Beton ist in fortlaufenden Schichten einzulegen. Wenn die Temperatur unter 2° C sinkt, soll nicht betoniert werden. Sind Nachtfröste zu erwarten, so muß der frische Beton gut gegen etwaigen Frost geschützt werden, so daß seine Erhärtung fortschreiten kann.

Die fertige Betonoberfläche soll eine Querneigung von $1:40$ haben.

Arbeitsfugen sind tunlichst zu vermeiden. Wenn Arbeitsfugen überhaupt gemacht werden, sollen sie vertikal eingelegt werden. Bevor der *folgende Beton eingebracht wird, muß die alte Fläche aufgerauht und gereinigt werden.* Unmittelbar vor dem Einbringen neuen Betons muß die alte Fläche mit einem dünnen Anstrich von reinem Zement versehen werden.

Ausdehnungsfugen sind alle 18 m oder nach Angabe des Bauleiters anzuordnen.

Die obersten Kanten dieser Fugen sind nach einem Radius von 6 mm abzuarbeiten, um deren Abfahren zu verhindern. Die Fugen sollen mit „Rezilia" der Messrs Callenders 25 Victoria Street London SW 1 oder mit einem anderen geeigneten Material ausgefüllt werden. „Rezilia" soll etwa 2,5 cm über die fertige Straßenoberfläche herausstehen und dann in die Fuge eingehämmert werden, nachdem diese sorgfältig von Staub gereinigt ist. Um in der Nähe der Fugen eine möglichst gleichmäßige Oberfläche zu erhalten, soll dort bei der Einbringung des Betons nicht gegen die Fugen hin, sondern auf die letzten 60—90 cm von ihnen weggearbeitet werden. Zur Herstellung der Fuge wird eine Leere benutzt, die in der Mitte eingekerbt ist, damit das Fugenmaterial eingebracht werden kann. Dieses wird in die Fuge gesetzt und soll sie satt ausfüllen. Dann wird der Beton zu beiden Seiten der Fuge ausgebreitet und in dem Zwischenraum zwischen Fuge und ausgeführtem Betonteil festgerammt, während die Leere langsam hin und her bewegt wird. Die Fugen müssen von oben bis unten durchgehen, und alle Betonreste an den Kanten müssen entfernt werden. In der Fuge darf weder der Beton noch das Eisen irgendwelche Verbindung haben.

Wenn etwa 1,50 lfd. m Beton für die Unterschicht eingebracht sind, so ist der Beton mit einem Stampfer zu bearbeiten, dessen Gewicht mindestens 6 kg beträgt, und das Stampfen soll so lange fortgesetzt werden, bis das feine Material an die Oberfläche tritt. Dann ist der Beton für die Oberschicht einzubringen und mit einem gleich schweren Stampfer zu bearbeiten und zwar so lange, bis eine glatte, geschlossene und gut gebundene Oberfläche vorhanden ist.

Wenn die Straße in zwei Hälften ausgeführt werden muß, so ist die Längsfuge wie eine Arbeitsfuge zu behandeln. Sie soll entweder in der Straßenmitte oder nicht mehr als 60 cm von Straßenmitte entfernt liegen.

Pflege der Straße unmittelbar nach der Herstellung. Wenn der Beton fertiggestellt ist, soll die Oberfläche mit Tüchern oder mit einem anderen geeigneten Material bedeckt werden, bis er so hart geworden ist, daß ein Mann darüber gehen kann, ohne die Oberfläche irgendwie zu beschädigen. Die Straße soll auch abgesperrt und gut bewässert werden, oder sie soll mit Sand bedeckt werden, der 10 Tage lang naß zu halten ist.

Der Verkehr auf der Betonstraße darf 28 Tage nach der Herstellung zugelassen werden, wenn die Straße in den Monaten April bis Oktober gebaut ist. Ist die Herstellung in den Sommermonaten Mai bis September erfolgt, so beträgt die Sperrzeit 21 Tage. In besonderen Fällen können diese Zeiten von der Aufsichtsbehörde abgeändert werden.

IV. Straßenverwaltung[1]), Aufbringung der Kosten für Straßenbau und -unterhaltung[1]), Verkehrsregelung.

Verwaltung und Unterhaltung der öffentlichen Straßen obliegt in England den Ortsbehörden, wenn sie nur örtlichen Belangen dienen, dagegen den **Kreis**behörden, wenn sie eine gewisse Bedeutung für den allgemeinen Verkehr haben. Was Ortsstraße und was Hauptstraße (main road) ist, ist durch verschiedene Parlamentsakte festgestellt, darüber hinaus können auch die Kreisbehörden derzeitige Ortsstraßen als Hauptstraßen übernehmen. Die Straßen sind wieder eingeteilt in solche I. und II. Klasse. Die Eingruppierung in diese beiden Klassen nimmt das Verkehrsministerium im Einvernehmen mit den Kreisbehörden vor (Ministry of Transport Akt vom 15. August 1919). Von insgesamt 178000 Meilen (rd. 285000 km) Straßen im vereinigten Königreich sind zur Zeit rd. 24000 Meilen (rd. 39000 km) oder 13,5 % Straßen I. Klasse und rd. 15000 Meilen (rd. 24000 km) oder 8,2 % Straßen II. Klasse.

Zu den persönlichen und sachlichen Kosten des Umbaues und der Unterhaltung der Straßen der Klassen I und II gibt das Verkehrsministerium Zuschüsse, und zwar bei denen I. Klasse 50 %, bei denen II. Klasse 25 %. Der Zuschuß kann bis zu 75 % gesteigert werden, wenn es sich um eine Durchgangsstraße handelt, die für den berührten Kreis nur geringe örtliche Bedeutung hat. Das Verkehrsministerium gibt auch noch Zuschüsse zum Umbau (nicht zur Unterhaltung) von Straßen dritter Klasse und zum Neubau von Durchgangsstraßen. Die Summe der Staatszuschüsse betrug im Haushaltsjahr 1923/24 rd. 12600000 Pfd. (rd. 252000000 M.). Für größere Neubauten oder Verbesserungen stellt das Verkehrsministerium wohl auch den beteiligten Kreisen Darlehen zur Verfügung. Im Jahre 1923/24 waren das rd. 4800000 Pfd. (rd. 96000000 M.). Schließlich kann das Verkehrsministerium auch mit Zustimmung der Kreisbehörden selbst Straßen bauen, für die ihm dann aber auch die Unterhaltungspflicht obliegt. Bisher hat es aber von dieser Befugnis noch keinen Gebrauch gemacht.

Die Mittel für diese Unterstützung des Straßenbaues gewinnt das Verkehrsministerium im wesentlichen aus der Fahrzeugsteuer, die auf

---

[1]) Nähere Angaben hierüber finden sich in dem, im Technischen Gemeindeblatt 1925 erschienenen Aufsatze des Geh. Baurats Dr. ing. Höpfner: „Verwaltung und Finanzierung des Straßenwesens in England."

Grund des Gesetzes vom 4. August 1920 (Finance Akt) von den Kreisbehörden erhoben wird. Die Steuer richtet sich nach der Art des Fahrzeuges, ihre Höhe wird nach dessen Gewicht, Pferdestärke, Sitzzahl usw. bestimmt. Sie hat im Haushaltsjahr 1923/24 rd. 14 100 000 Pfd. (rd. 282 000 000 M.) eingebracht. Dabei waren besteuert rd. 1 141 000 Kraftfahrzeuge und 215 000 Pferdefuhrwerke. Übrigens ist die erstere Zahl dauernd im Steigen, die letztere dauernd im Fallen. Die Mittel für Darlehen zu besonderen Wegebauzwecken werden über jene Steuereinnahmen hinaus vom Parlament bereit gestellt in Fällen, wo bei der Ausführung Arbeitslose beschäftigt werden.

Das Verkehrsministerium hat natürlich auch die sachgemäße Verwendung der von ihm bewilligten Zuschüsse und Darlehen und damit auch die Bewirtschaftung des gesamten britischen Straßennetzes zu überwachen. Es hat dafür eine besondere Ministerialabteilung, der für jeden der sechs Verwaltungsbezirke des vereinigten Königsreichs ein Abteilungsingenieur zugeteilt ist. Diese erstatten alljährlich über ihre Tätigkeit einen genauen Rechenschaftsbericht. Ihr Einfluß geht sehr weit, er erstreckt sich herunter bis auf die Mitwirkung bei der Anstellung, Besoldung und Entlassung der bei den Ortsbehörden tätigen Wegeaufsichtsbeamten.

Bei der Bearbeitung der Straßenbauangelegenheiten steht dem Verkehrsministerium ein Straßenbeirat zur Seite, der aus 5 Vertretern der Wegeunterhaltungspflichtigen, 5 Vertretern der Nutznießer der Wege und 1 Vertreter der Arbeiterschaft zusammengesetzt ist. Zur Beratung bei anderen Aufgaben, besonders auf den Gebieten der Besteuerung und des Verkehrs beruft der Minister noch besondere Ausschüsse aus den Kreisen der Beteiligten. Von diesen verdient besondere Erwähnung der Berufungshof, vor den alle Beschwerden der Orts- und Kreisbehörden gebracht werden können, die dann dort in öffentlichem Verfahren behandelt werden. Über seine Tätigkeit erstattet der Minister dem Parlament alljährlich schriftlichen Bericht.

Als besonders wichtige Aufgabe obliegt dem Verkehrsministerium auch die Überwachung und Pflege des Straßenverkehrs, und zwar für das Land im allgemeinen auf Grund des Wegegesetzes (Roads Akt) vom 23. Dezember 1920, für den besonders stark mit Verkehr belasteten Bezirk in und um London auf Grund des Londoner Verkehrsgesetzes (London Traffic Akt) vom 7. August 1924. In Ausübung der ihm durch diese Gesetze übertragenen Vollmachten hat das Ministerium auch wiederholt im ganzen Lande sorgfältige Verkehrszählungen vorgenommen, da diese allein ihm sichere Grundlagen für die Klassifizierung der Straßen und damit für die Verteilung der Zuschüsse unter die Wegeunterhaltungspflichtigen geben können. Daß solche einheitlich durchgeführten Verkehrszählungen auch die Beurteilung der Notwendigkeit oder der Bewährung bestimmter baulicher Maßnahmen ermöglichen, bedarf für den Fachmann kaum der Erwähnung. Dem Verkehrsministerium steht endlich auch die Regelung der Verkehrsgeschwindigkeiten, der Verkehrsbeschränkungen sowie der Verkehrssperrungen auf den einzelnen Straßen sowie im Zusammenhang damit auch die Mitwirkung bei der Kennzeichnung der Wege zu.

Die geschilderte Arbeitsweise des Verkehrsministeriums sowie seine in den vorstehenden knappen Sätzen umrissenen Pflichten und Befugnisse sichern in hohem Grade die unter der Herrschaft des an enge Orts- und Kreisgrenzen nicht gebundenen Kraftwagens unentbehrlich gewordene zentrale Verwaltung des gesamten britischen Straßennetzes, ohne die Selbstverwaltungsrechte der Orts- und Kreisbehörden mehr als nötig zu beschränken.

V. Schlußfolgerungen.

Das Ergebnis der Studienreise kann man in folgende Schlußfolgerungen zusammenfassen.

Der Kraftwagenverkehr ist in Deutschland, gemessen an der Größe des englischen, erst im Anfang seiner Entwicklung. Man kann aber annehmen, daß dieser Verkehr sich sehr stark entwickeln wird, wenn erst einmal die aus der Kriegs- und Nachkriegszeit stammenden wirtschaftlichen Hemmungen überwunden sein werden. Er wird dann an die Straßen ähnliche Anforderungen stellen, wie es in England heute schon der Fall ist. Es ist daher zu empfehlen, sich die dortigen Erfahrungen so früh als möglich zunutze zu machen.

Was zunächst die Forderungen an das allgemeine Straßennetz betrifft, so wird man die zu engen oder zu unübersichtlichen Stadtstraßen, wenn auch durch zweckentsprechende Verkehrsregelung ausreichende Bewegungsfreiheit für den Kraftwagenverkehr nicht geschaffen werden kann, verbreitern und begradigen müssen. Ist auch das nicht tunlich, so wird man zu Straßendurchbrüchen oder gegebenenfalls zur Anlage von Umgehungsstraßen schreiten müssen. In den Stadterweiterungsplänen ist für die Befriedigung des Bedürfnisses an Automobilstraßen Sorge zu tragen.

Auf den die Ortschaften verbindenden Landstraßen, auf denen der Kraftwagen seine besondere Eigenart, nämlich große Geschwindigkeit entwickeln muß, wenn anders sein Betrieb wirtschaftlich bleiben soll, muß angestrebt werden, alles zu beseitigen, was diesem Ziele entgegensteht, vor allem scharfe Krümmungen, unübersichtliche Windungen, Engpässe und Bahnkreuzungen in Schienenhöhe. Im allgemeinen wird das deutsche Landstraßennetz sich mit wirtschaftlich tragbaren Aufwendungen diesen Forderungen anpassen lassen. In besonders dicht besiedelten und daher auch ganz besonders verkehrsreichen Gegenden, wie im rheinisch-westfälischen Industriegebiet, wird man allerdings auf die Dauer wohl nicht umhin können, besondere neue Straßen für den Kraftwagenverkehr anzulegen, die dann aber auch allen Anforderungen dieses Verkehrs entsprechend einzurichten und den Kraftwagen allein vorzubehalten sein werden.

Dringlicher noch als diese Aufgaben ist indessen die Anpassung der alten, für den schnellen Kraftwagenverkehr vielfach ganz ungeeigneten Straßendecken an die Anforderungen dieses Verkehrs. Das bedeutet in erster Linie die Beseitigung der überlieferten, für den früheren langsamen Verkehr mit Pferdefuhrwerk vorzüglich geeigneten, und daher weit verbreiteten Schotterdecken, dann aber auch die Beseitigung alles alten holperigen Steinpflasters von den mit einigermaßen starkem Kraftwagenverkehr belasteten Stadt- und Landstraßen. Die alte Schotterdecke ist verkehrshindernd durch die starke Staubentwicklung und unwirtschaftlich wegen der Notwendigkeit ihrer häufigen Erneuerung. Abgenutztes Steinpflaster beansprucht nicht nur den Kraftwagen über Gebühr, sondern es überträgt auch Erschütterungen, die durch ihre Schwere den Bestand der Bauwerke an und in den Straßen gefährden können. Das Mindeste, was ein nennenswerter Kraftwagenverkehr von einer Schotterdecke verlangen muß, ist eine glatte Oberfläche und Staubbindung durch deren Behandlung mit Teer- oder Asphaltanstrich. Bei stärkerem Verkehr genügt aber diese reine Oberflächenbehandlung nicht mehr. Man muß dann zu anderen Bauarten übergehen, sei es zu bituminösen Schotterdecken — Asphaltmakadam, Teermakadam oder ähnlichem — sei es zu Asphalt, Holzpflaster oder Steinpflaster — Kleinpflaster bzw. Großpflaster — oder endlich gegebenenfalls zu Beton. Die gleichen Bauweisen kommen auch für den Ersatz alten abgängigen Steinpflasters in Frage.

Welche Bauweise man im gegebenen Falle zweckmäßig wählt, hängt lediglich von den örtlichen, technischen und wirtschaftlichen Verhältnissen ab. Es gibt — und darauf wurde auch als ganz selbstverständlich in England immer wieder aufmerksam gemacht — viele gute Bauweisen, aber kein allgemein „bestes" Pflaster. Wenn z. B. in der Umgebung von London vielleicht der Asphaltmakadam vorgezogen wird, so geschieht das nicht, weil er das beste Pflaster schlechthin ist, sondern weil er mit geringwertigerem, an Ort und Stelle billig zu habendem Füllmaterial hergestellt werden kann. In anderen Teilen Englands, wo gesundes Gestein in großer Menge zu mäßigem Preise zur Verfügung steht, wird vielleicht der Teermakadam vorzuziehen sein. In Deutschland tritt zu den in England üblichen Bauweisen noch als vorzügliche Straßendecke das Kleinpflaster hinzu, das in England — wiederum aus rein örtlichen Gründen — keinen Eingang gefunden hat. Bei der Auswahl der im gegebenen Falle empfehlenswerten Bauweise werden die im vorstehenden Berichte zusammengetragenen Erfahrungen in England wertvolle Dienste tun können. Ob und inwieweit der Beton berufen ist, eine wesentliche Rolle im neuzeitlichen Straßenbau zu spielen, steht noch nicht fest, wenn auch die bis jetzt vorliegenden Erfahrungen ihm eine große Zukunft in Aussicht zu stellen scheinen. Wissenschaftliche und praktische Versuche mit dieser Bauweise sowie örtliche Studien in Amerika, wo man sie schon in sehr ausgedehntem Umfange verwendet, werden über ihre Vorzüge und Nachteile Klarheit verschaffen müssen.

Wissenschaftliche Untersuchungen werden auch für die schon allgemein bewährten Bauweisen dauernd notwendig sein, schon um sie zu immer größerer technischen Vollkommenheit zu bringen, wie man ja auch Metalle und Erden, die zu Bauzwecken verwendet werden, dauernd auf ihre Festigkeit, Beständigkeit usw. prüft. Hier wird sich die Errichtung von Prüfungsbahnen ähnlicher Art empfehlen, wie eine mit so außerordentlichem Erfolge in der englischen Landesversuchsanstalt in Teddington seit einigen Jahren arbeitet.

Die Umstellung der englischen Straßenwirtschaft auf die Anforderungen des Kraftwagenverkehrs hat natürlich sehr erhebliche Kosten erfordert. Der Kraftwagenverkehr bedingt außerdem auch dauernd große laufende Mehraufwendungen für Unterhaltungszwecke. Man bringt diese zum Teile durch besondere Besteuerung derjenigen Fuhrwerke auf, die die Mehrausgabe verursachen: durch eine Fahrzeugsteuer. Das Aufkommen aus dieser Steuer wird von einer unparteiischen Behörde vorzugsweise nach Maßgabe der Wegelängen und der Verkehrsbelastung unter alle Orts- und Kreisbehörden verteilt, denen die Unterhaltung von Straßen mit nennenswertem Kraftwagenverkehr obliegt.

Was hier in England seit mehreren Jahren reibungslos vonstatten geht, sollte auch in Deutschland durchgeführt werden. Die Kraftfahrzeugsteuer haben wir in Deutschland ja auch schon. Sie belastet aber die Personen- und Lastkraftwagen sehr unterschiedlich zugunsten der letzteren, trotzdem diese die Straßendecken ganz besonders stark mitnehmen. Eine stärkere Heranziehung, besonders der schweren Lastkraftwagenzüge wird unvermeidlich sein. Die Verteilung des Aufkommens an Kraftwagensteuer liegt — in Preußen wenigstens — insofern noch sehr im argen, als die Stadtgemeinden nichts davon erhalten, trotzdem sich in ihnen der Kraftwagenverkehr besonders stark anhäuft. Man hat ihnen zwar durch den Erlaß der Verordnung über die Erhebung von Vorausleistungen für die Wegeunterhaltung vom 25. November 1923 eine Handhabe geboten, sich für die Mehrausgaben für Wegebauzwecke, die ihnen der Kraftwagenverkehr verursacht, bei diesem Deckung zu suchen. Aber die Anwendung dieser Verordnung hat wegen der Art ihres Aufbaues erhebliche Schwierigkeiten. Außerdem wird sie, da sie tatsächlich eine Doppelbesteuerung bedingt, immer große Unzufriedenheit erwecken. Es wird ernstlich zu prüfen sein, ob man nicht besser durch eine einheitliche gerechte Besteuerung die durch den Kraftwagenverkehr bedingten Mehrkosten des Wegebaues und der Wegeunterhaltung beschafft. Dann wird aber auch dafür zu sorgen sein, daß aus diesen Mitteln alle Wegeunterhaltungspflichtigen nach Maßgabe der ihnen durch den Kraftwagenverkehr erwachsenden Mehrkosten entschädigt werden.

Die verwaltungsmäßige Regelung, die diese schwierige Frage in England im Sinne der Zentralisation gefunden hat, scheint sehr beachtenswert, um so mehr, als auch in Deutschland eine mehr zentrale Regelung des Straßen- und Verkehrswesens, soweit es für den Kraftwagenverkehr von Bedeutung ist, auf die Dauer nicht zu entbehren sein wird.

Additional material from *Reise nach London zum Studium der Automobilstraßen in London und Umgebung vom 24. bis zum 31. Oktober 1924,*
ISBN 978-3-662-31340-4, is available at http://extras.springer.com

MIX
Papier aus verantwortungsvollen Quellen
Paper from responsible sources
FSC® C105338

If you have any concerns about our products,
you can contact us on
ProductSafety@springernature.com

In case Publisher is established outside the EU,
the EU authorized representative is:
**Springer Nature Customer Service Center GmbH
Europaplatz 3, 69115 Heidelberg, Germany**

Printed by Libri Plureos GmbH
in Hamburg, Germany